U0291539

Tourist Town
Design

王金涛　著

江苏凤凰科学技术出版社

图书在版编目（CIP）数据

旅游小镇综合设计 / 王金涛著. -- 南京 : 江苏凤凰科学技术出版社, 2019.1
ISBN 978-7-5537-9694-9

Ⅰ. ①旅… Ⅱ. ①王… Ⅲ. ①旅游业—小城镇—城市规划—建筑设计 Ⅳ. ①TU984

中国版本图书馆CIP数据核字（2018）第223935号

旅游小镇综合设计

著 者 王金涛
项目策划 凤凰空间／段建姣
责任编辑 刘屹立 赵 研
特约编辑 段建姣

出版发行 江苏凤凰科学技术出版社
出版社地址 南京市湖南路1号A楼，邮编：210009
出版社网址 http：//www.pspress.cn
总 经 销 天津凤凰空间文化传媒有限公司
总经销网址 http：//www.ifengspace.cn
印 刷 北京博海升彩色印刷有限公司

开 本 710 mm×1 000 mm 1／16
印 张 13.5
版 次 2019年1月第1版
印 次 2019年1月第1次印刷

标准书号 ISBN 978-7-5537-9694-9
定 价 188.00元（精）

当今，随着人民群众对休闲方面的需求日益增大，旅游行业进入了爆发式发展的时期，各种模式和主题的项目如雨后春笋般应运而生。然而，在这些众多新上马的旅游项目中，真正成功和能持续盈利的却很少。究其原因，要么是对市场的判断不清晰、要么是项目本身打造得过于粗糙、要么是前期的规划建设和后期的运营没有针对性和科学性，使项目都没有践行正确的“旅游意识”“旅游思维”和科学的“旅游操作”，从而浪费了资金，浪费了各种资源，给社会和政府造就了一批很难处理的“建设伤疤”。

旅游作为一个低门槛行业，同时也是一个没有明确操作规范和参考经验的新兴行业。由于大多数操作者存在认知上的偏差和经验的缺失，导致了很多项目的无疾而终甚至勉强度日。在这种大的客观局势下，若要成功打造好一个旅游项目，就必须先“明理”再“践行”，听取正确的理念和借鉴别人的经验，切勿一意孤行。项目投资人或决策者应该先有全局的眼光与正确的旅游认识；策划者应该从项目定位到板块规划、从业态构成到产业布局、从运营管理到活动策划都有清晰和能够落地的思路；设计者应该避免用地产思维、建筑设计思维和城市规划思维来设计旅游项目；运营者则应从简单的“物业式”运营层面中跳脱出来，站在真正“大运营”的高度上守住这片江山，让项目能够有效地运营下去。

针对目前旅游项目的开发现状，本书作者通过多年的旅游项目综合设计及操作经验，再结合自身操作的成功案例、以理论结合实践，从策划到规划、从市场到运营、从投资者的主观意识到游客的消费心理，多维度地全面解读旅游项目的正确认知与科学的打造步骤，将这些诸多的理念、经验、认知和策略凝结成册，以此来帮助项目的投资者、决策者、设计者等核心人士，希望大家少走弯路，让自己的项目能沿着正确的方向走向可持续发展。

编者

2018 年 8 月

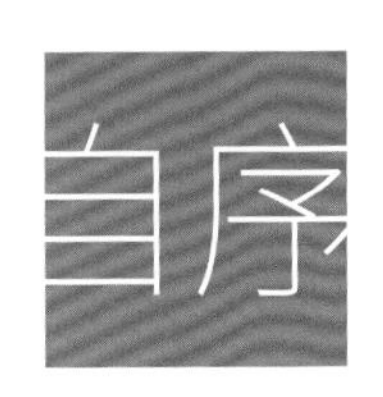

随着中国经济及生产力水平的快速提高，民众的人文意识全面觉醒，物质文明发展到了前所未有的高度，人们的闲暇时间多了，对文化、休闲的需求也随之增强，日益发展的互联网和自媒体也在有意无意地引导着人们多去了解外面的世界，这些综合因素都直接或间接地推动了中国旅游行业的发展。北京大学“中国文化产业现状趋势大调查”显示，从2015年开始，文化旅游业已经开始逐渐取代房地产业，被认为是未来最具发展潜力的行业，被当成是中国经济发展的新引擎；另一方面，文化旅游产业比较低碳、环保，有利于优化产业结构，也有利于民众生活环境与品质的提升，因此旅游行业的发展前景被广大民众普遍看好。

从2013年开始，中国旅游业投资就开始进入到一个空前繁荣的时期，大量社会资金和政府资金进一步集中于此，旅游投资成为社会各界的主流投资方向。华侨城、万达、长隆等诸多实力强劲的集团企业不断置身于各类旅游项目开发当中，甚至一些本身和旅游无关的行业，如传统旅行社、航空公司、旅游媒体、材料供应商、房地产公司等亦纷至沓来，诸多新型旅游业态因此不断涌现。与此同时，“汽车+手机”的普及模式，让中国的城镇家庭基本具备了获得外界旅游景点咨询和自驾游的条件，似乎人人都可以来上一场“说走就走”的旅行了。

在这种旅游行业爆发式发展的前提下，原有的“自然风光游”“城市高楼大厦游”“寺观古建游”等传统旅游门类已经明显不能满足人们的需求了，适用于新时代人们实际需要的是全方位体验的旅游产品，因此，本着“回归”“乡野”“民俗”“人文”“度假”等主题的各类特色小镇应运而生，成为当下人民群众最为喜爱和旅游市场青睐的旅游方向。

对于一些具有历史文化、乡村风貌、民族风情、传统建筑的特色小镇，正越来越显示出宜居、宜业、宜游的优势，承接了城市发展的新动能。同时，特色小镇建设也是经济融合和共享发展的需要，它能承载互联网、农业、养老、旅游、文化、环保、时尚、民宿等产业，扩大就业和吸引人口居住，是聚集新经济发展的新兴基地，在政策的大力扶持下，正以燎原之势在全国蔓延开来。其中，房地产企业成为了特色小镇建设的主力军，纷纷开始浓墨重彩地描绘特色小镇的未来。在开发商的润色下，特色小镇打上了智慧生态科技小镇、农业小镇、文旅小镇、影视小镇、汽车小镇、金融小镇、航空小镇等不同标签。然而，从特色小镇的综合设计角度出发，又是一个值得设计界和商界共同探究的新课题。特色小镇的建造不同于普通的工民建，有着自身很强的特殊性，其运营更是一个不同于商业综合体的新形态，更不能将城市商业的运营模式硬套上来。2017年1月，在国务院办公厅举行的新闻发布会上，住房和城乡建设部就明确表示，特色小镇的培育和发展要发挥市场主体作用，因地制宜，小城镇跟城市的发展模式截然不同，但过去照搬城市规划的乡镇比比皆是，这恰恰背离了小镇发展的宗旨。所以，在旅游小镇的实践操作中，我们首先要调整大思路，重新认知什么是旅游、什么是旅游小镇、旅游小镇到底应该以什么样的思路和手法来操作。

旅游行业是一个艰辛与乐趣同在的行业、是一个机遇与挑战并存的行业、是一个入门简易和操作复杂的行业，也是一个看似简单但要求知识面广、系统性强的行业，要想在这个行业里做好、做强，首先必须对旅游行业有一个准确的认知和虔诚听取专业人士意见的心态，其次要有跨界的知识和战略性格局、准确的政策拿捏度与市场敏感度，当然，还得对旅游行业有着强烈的情怀与使命感。

思路决定出路，愿我们不辜负每一片土地、不枉费每一处社会资源、不愧对每一方百姓，用“战战兢兢，如临深渊，如履薄冰”的谨慎态度来对待每一个项目，用兼容并蓄、开放大胆的包容态度来吸纳一切对项目有益的因素，以专业、专注的“工匠精神”来保证项目的建设细节。事在人为，愿我们都是英明的旅游项目参与者，做的都是科学、合理的旅游工作，在旅游的道路上能够并肩而行，因为我们都是旅游道路上的“行者”。

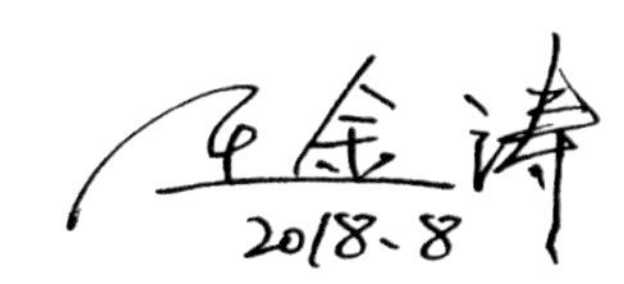

目录

第一章 旅游小镇的认知

第二章 旅游小镇总体构成

第三章 如何从无到有打造一个旅游小镇

第四章 成功案例解析

第五章 项目操盘者常犯的十大误区

第一章

★★★★★

旅游小镇的认知

1 正确的旅游认知

什么是旅游？“旅游”从字义上很好理解，“旅”是旅行、外出，即为了实现某一目的而在空间上从甲地到乙地的行进过程；“游”是游览、观光、娱乐，即为达到这些目的所做的旅行，二者合起来即为旅游。所以，旅行偏重于行，旅游不但有“行”，且有观光、娱乐的含义，这是从学术角度对旅游进行的定义。当项目决策者面对一个即将从零开始打造的旅游项目时，这个“旅游”的概念就更加全面而细致了，并显得颇为沉重和谨慎。旅游的本质是什么？旅游的核心是什么？什么样的旅游形态才能吸引人、留住人，什么样的经济构架体系、消费链、产业链才能真正让项目产生利润，什么样的营销与经营模式才能让项目实现可持续发展，这些都是一个旅游项目在一开始就应该搞清楚的问题。旅游的最大本质究竟是什么？实际上就是“人在参与、体验、消费这一系列过程中所形成的一个娱乐活动”，说得再简单一些，旅游的最大本质就是“娱乐”。决策者只有从始至终抓住了这个本质，项目才不会走偏、才不会盲目。

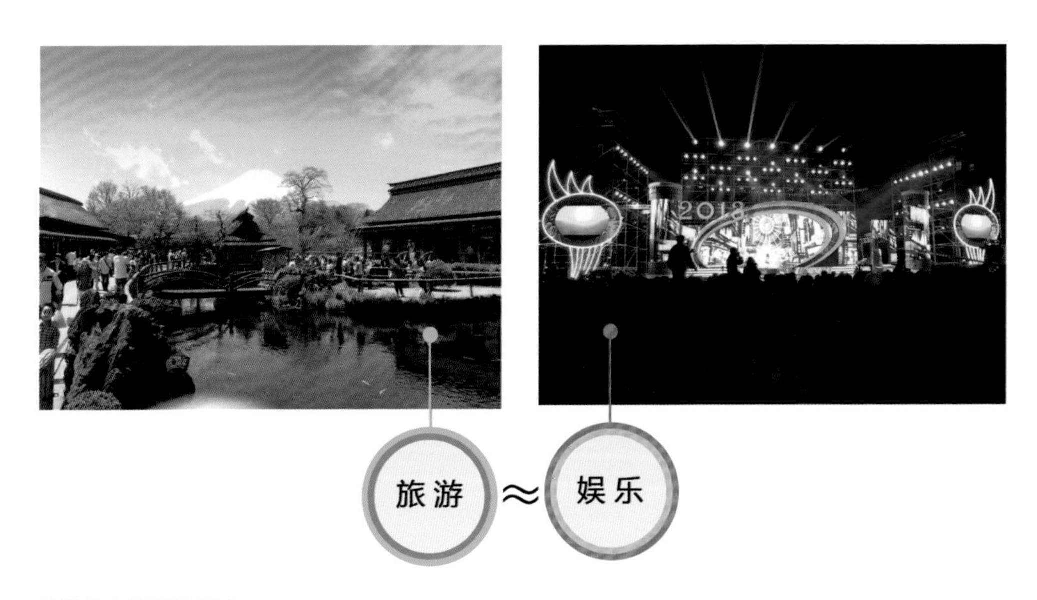

旅游的本质就是娱乐

（1）旅游资源的差异吸引

什么叫旅游资源？只要有差异性和吸引力，就是旅游资源。据说，当年萨达姆被美军从藏身洞里抓起来了，第二天英国就有 6000 人报名想去参观这个藏身洞。几年后，英国一个旅行机构组织了 39 位老先生、老太太，签下了生死状，收费很高，特意到伊拉克去了一趟，其中就包括这个藏身洞，这些老人们回来之后都非常得意，俨然把自己当成了战场归来的勇士。所以要做旅游，首先就要用大胆的想象力和资源整合力来寻求吸引游客的“爆点”。

（2）旅游行为无框架

旅游的行为只要是合法的，就无需顾虑太多，旅游的目的就是玩、就是娱乐，所以有的项目可以撒野，有的项目可以刺激内心、惊爆眼球，虽然大家都在提倡文明旅游，但重点说的是游客在外出游玩时的行为素质，而不是要求每

人造奇景

农业景观

旅游资源多样化

一处景点都变成一个条条框框的教育场所。俗话有说“不管白猫、黑猫，抓到老鼠就是好猫”，同理用在旅游项目上，不管什么样的旅游行为模式，只要让游客得到了最大限度的“撒欢和放松”，这就是一个不错的旅游项目。

影视基地

农事活动

名人故居

自然奇观

宗教圣地

萨达姆藏身洞

雅丹地貌

能够吸引眼球的“新、奇、特”或“惊、妙、险”项目都是旅游资源

（3）旅游打造无约束，创意为王

打造旅游的根本在于创意，但创意并非胡思乱想，而是旅游营销中非常重要的一环，许多经营惨淡的旅游项目就是因为欠缺想象力、不敢想、想到的点子少而导致的。随着旅游产业的发展，区域旅游竞争日趋激烈，在纷繁变幻的大潮面前，通过新颖、独特的创意来塑造符号、吸引游客眼球，就显得更为重要，从某种程度上讲，创意已经成为旅游营销中最关键的内核。旅游经济是典型的符号经济、特色经济、注意力经济，优秀的旅游创意不仅可以开发出更具吸引力的旅游产品，而且可以通过新颖的促销理念和手法，使原有旅游产品重新焕发出青春活力，起到点石成金、事半功倍的效果。

什么是特色小镇

特色小镇是“非镇非区”的创新发展平台，它不是行政区划分单元上的“镇”，没有行政建制。特色小镇也不是产业园区的“区”，它不是单纯的“大工厂”，而是按照创新、协调、绿色、开放、共享的发展理念，聚焦特色产业，融合文化、旅游、社区功能的创新、创业发展平台。特色小镇不一定非要和“旅游”紧密联系，很多特色小镇都是以产业为主、旅游为辅。

真正的特色小镇一定具有产业经济链的支撑

特色小镇的产业一定要突出“特”而“强”，产业是小镇建设的核心内容。“特”是指每个小镇都要有锁定信息经济、环保、健康、旅游、时尚、金融、高端装备等新产业，以及类似于茶叶、丝绸、黄酒、中药、木雕、根雕、石刻、文房、青瓷、宝剑等的主打产业，应该主攻最有基础、最有优势的特色产业来建设，而不是“百镇一面”、同质竞争。即便是主攻同一产业，也要差异定位、细分领域、错位发展，不能丧失独特性。“强”是指每个小镇要紧扣产业升级趋势，瞄准高端产业和产业高端，功能集成要紧贴产业，力求“聚”而“合”。产业、文化、旅游和社区四大功能融合，是特色小镇区别于工业园区和景区的显著特征。“聚”是指所有特色小镇都要聚集产业、文化、旅游和社区功能；“合”是指四大功能都要紧贴产业定位融合发展，尤其是旅游、文化和社区功能，要从产业发展中衍生、从产业内涵中挖掘，也就是说，要从产业转型升级中延伸出旅游和文化功能，而不是简单地相加，牵强附会、生搬硬套。

茶叶

酿酒

丝绸

中药

成体系的产业链是特色小镇的支撑

特色小镇在打造时除了产业支撑，还要高“颜值”的形象，想发展旅游的特色小镇至少要按照 AAA 级景区标准建设，其中以旅游产业为主的特色小镇要按 AAAAA 级景区标准建设。其次，特色小镇还需要气质“特”，要根据地形、地貌结合产业发展特点，做好整体规划和形象设计，保护好自然生态环境，确定小镇风格，展现出小镇的独特味道，原则上不新建高楼大厦。从长远发展来看，基于地方特色而塑造的特色小镇，将成为更符合新型城镇化要求的主题空间和促进地方城镇化的主战场。因此，特色小镇是地区风貌建设、经济发展、特色强化、人民乐业起标杆作用的基础项目。

毛笔

木雕

石刻

瓷器

铸剑

成规模的产业链也是特色小镇的支撑

旅游小镇的类型

旅游小镇是指依附于某类具有开发价值的旅游资源，并以其为开发或旅游服务为主的小城镇，实质上就是以旅游产业为主导的特色小镇。国家“十三五”规划纲要中明确提出，要“因地制宜发展特色鲜明、产城融合、充满魅力的小城镇”，说明发展小镇旅游业是实现旅游业跨越式发展的一条重要途径。国内外旅游小镇主要分为以下几种类型：

（1）资源主导型小镇

资源主导型小镇是指自身拥有旅游资源成为旅游目的地的小城镇。以古镇为主，本身就具旅游吸引力，含特色建筑、风土情调、民俗文化等，典型的有浙江乌镇。

（2）旅游接待型小镇

旅游接待型小镇是为前往景区旅游的游客提供住、行、食、购、娱等相关服务的小城镇。虽不在景区内，但自然生态环境良好，同时作为旅游集散地，具有独特的区位优势，如黄山汤口镇。

特色小镇四大模式

（3）行业依托型小镇

顾名思义，行业依托型小镇是依靠某种特殊行业发展形成的旅游宜居小镇，有的以矿产为依托，有的以海港为依托，有的以会议旅游为依托等，如瑞士达沃斯小镇和中国海南博鳌旅游风景区。

具有天然历史建筑资源的乌镇

以会议行业为依托的博鳌镇

以旅游接待为主的黄山汤口镇

给城市居民提供近郊游的成都山泉镇

较有代表性的不同类型特色小镇

（4）生态人居型小镇

生态人居型小镇一般处于大中型城市周边，距离城区较近，本身生态环境优美，且以生态人居为发展特色，主要接待城市休闲居民。以成都龙泉驿区山泉镇为例，山泉镇地处誉满全川的龙泉山脉中西部，交通极为便利，全镇平均海拔900m，自然环境优美、人文景观丰富、文化底蕴深厚，是著名的水果之乡。

国内旅游小镇发展现状

20 世纪 80 年代，一些少数民族地区依托自身优势开展了富有民族特色的旅游活动，民俗村和文化村是我国最早形成的民俗旅游聚焦地，如山西丁村民俗博物馆、重庆巴渝文化村、宁波象山民俗文化村、湖南客家民俗文化村、西藏阿沛民俗文化村等，这些民俗旅游开展得如火如荼，一度成为当地旅游的主打品牌。

湖南客家民俗文化村

宁波象山民俗文化村

山西丁村民俗博物馆

重庆巴渝文化村

土楼民俗文化村

西藏阿沛民俗文化村

早期建成的民俗村

1989 年，我国第一个大型民俗旅游主题公园“锦绣中华”在深圳开业，从此，主题公园为民俗旅游的发展开辟出了新的领域，河南开封的清明上河园和广东清远故乡里主题公园均属于这一类型。浙江乌镇、四川阆中、云南丽江、山西乔家大院等古镇，从某种意义上来讲是敞开的主题公园，是特色小镇旅游的另一种表现形式。

丽江古城

进入 21 世纪以来，游客对文化内涵的认知越来越高，国内涌现出了一批新的、以民俗为特色的新型旅游小镇，其中最具代表性的就是陕西咸阳的“袁家村”，它作为一个原以公有制为主的农业合作社性质的自然村，以其钻研创新的精神和独具慧眼的策略，在有意无意之间创造出了一个民俗旅游与体验的奇迹，引领了全国各地旅游投资商的关注，带动了全国民俗旅游的热潮。

阆中古城

锦绣中华

清明上河园

乔家大院

乌镇

国内早期的主题公园式古镇

5 我国旅游小镇发展展望

针对国外游客来中国旅游目的地调查表明，欣赏中国名胜古迹的占26%、自然风光11%，而对中国人生活方式、风土人情感兴趣的则高达56.7%。可见，旅游活动正在从单一的观光旅游向文化旅游发展，视觉的冲击加上心灵的震撼令越来越多的游人喜欢民俗旅游这种形式。从需求角度而言，无论是国外游客还是国内游客，民俗旅游的需求空间也将越来越广阔。

在我国，旅游小镇是近年才提出的一个新概念，但它在国外旅游发展实践中，却极具特色与吸引力。发展旅游小镇，对于旅游资源的挖掘与保护、民族文化的传承与发展、改善当地居民生活质量都有重大意义。发展旅游小镇，实现工农业和旅游业相结合，依托得天独厚的自然资源与人文景观，运用市场化手段，将旅游发展与小镇建设结合起来，是城镇化建设的一条创新转型之路。

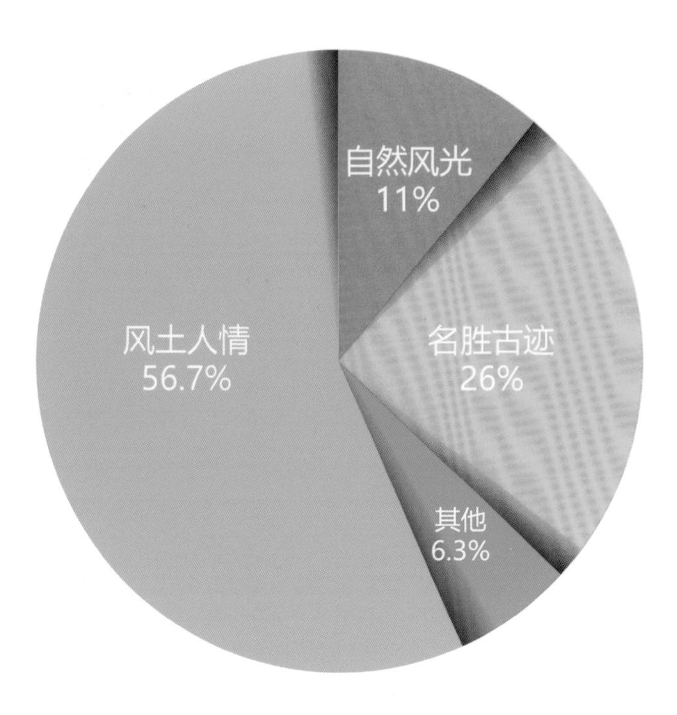

外国游客对中国旅游目的地的喜好比

第二章

★★★★★

旅游小镇
总体构成

从广义的角度来说，旅游项目的类别包括文化古迹类、自然风景类、红色旅游类、工农科技类、博物馆所和乡村民俗类。从本质的打造和构成上，它们都包含了方方面面的工作，不是单纯地圈地观景、建筑整改或建设就可以的。站在一个标准景区综合打造的层面，其总体构成可以分为大市场定位设计、旅游体验序列设计、业态布局规划设计、运营管理模式设计、资本收支系统设计、美学与人文表达设计、旅游建筑设计和空间的软性装饰设计。只有将这八大方面有机结合，才能够真正构筑起一个标准的旅游形体。

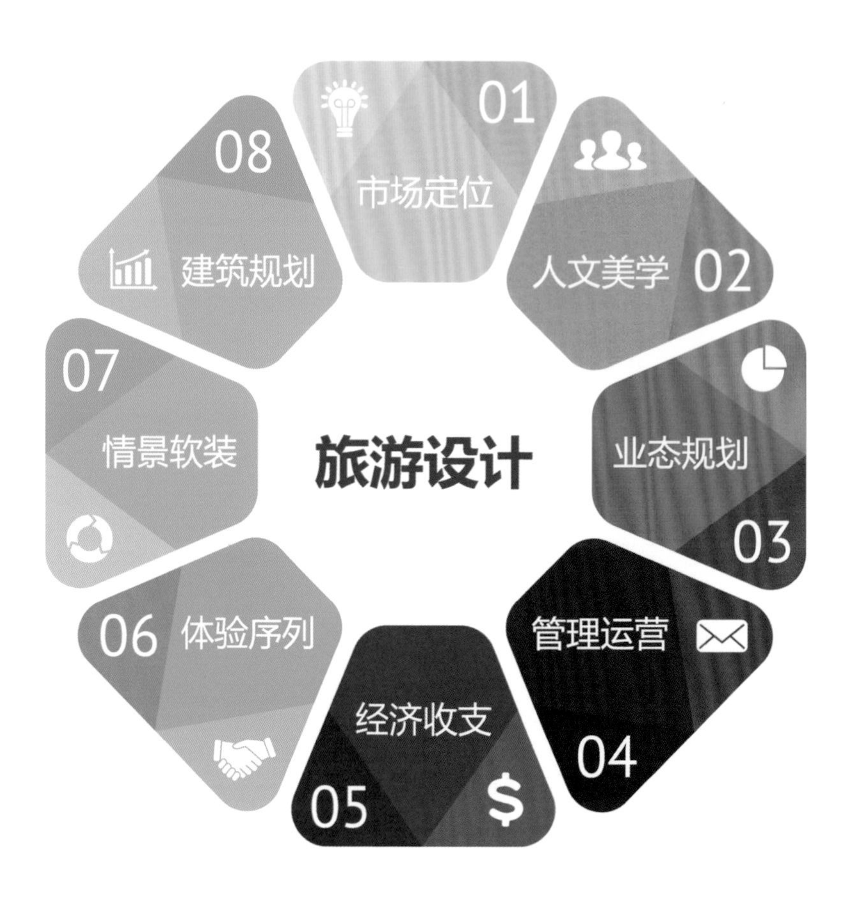

旅游设计包含的八大方面

文化古迹类

乡村民俗类

工农科技类

红色旅游类

自然风景类

博物馆所

旅游景区的类别

大市场定位设计

一个旅游项目在启动时遇到的第一个技术层面的问题，就是大的市场定位。那么旅游市场定位的概念是什么呢？就是指旅游企业根据目标市场上的竞争者和企业自身情况，从各方面为本企业的旅游产品和服务创造一定条件，进而塑造一定市场形象，以求在顾客心目中形成一种特殊偏好。旅游市场细分和目标市场的选择是让企业找准顾客，而旅游市场定位则是让企业如何赢得顾客“芳心”。要先了解项目所在地的市场情况，然后再根据客观的市场情况来确定该项目做什么、怎么做、用什么样的方式来做。需要注意的是，根据大市场来定位项目，重点是要查漏补缺，找出差异化，找出自己的特色和卖点所在，而不是盲目跟风。全面认识旅游定位的问题，建议从以下几个方面开始。

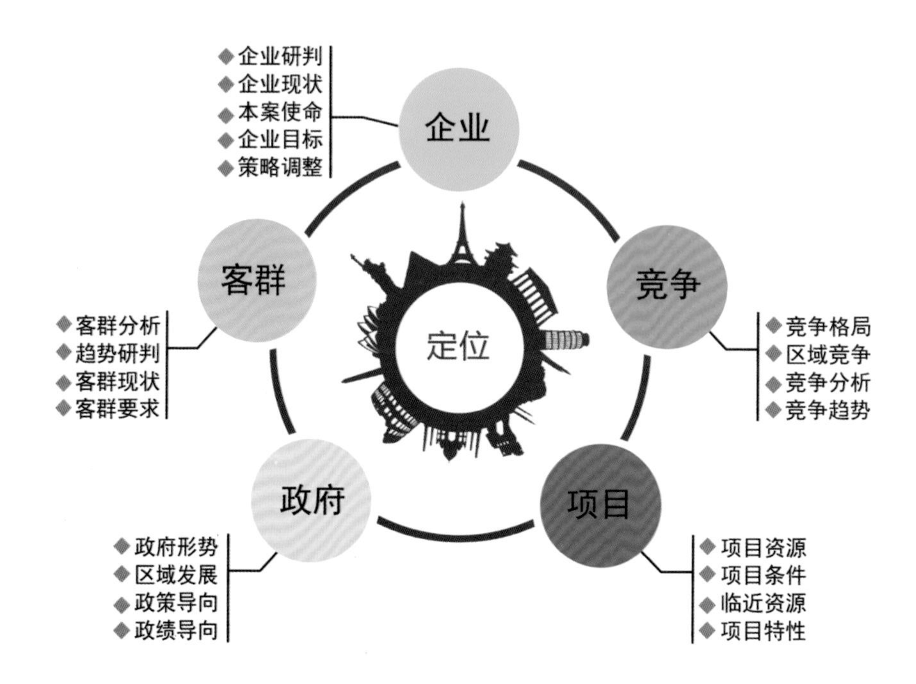

旅游与社会的整体关系

（1）差异化定位的特征

① 独特性。

旅游企业向目标顾客提供的这种差异化利益，在技术、设备、人才、服务、环境、资源等方面，不易被竞争对手模仿，具有唯一性或难复制的特性，呼应了游客在旅游时追求“新、奇、特”的消费心理，也可以在市场上形成长久的旅游吸引力。

② 区别性。

“人无我有，人有我精”，单从品质上就可以区别于其他普通项目。旅游的核心在于“吃、住、行、游、购、娱”，在某一方面做精做强，亦可以形成很强的市场竞争力。这种被选择的差异化利益，以一种与众不同的方式提供给游客，也能让游客形成深刻印象。

③ 赢利性。

任何旅游项目在本质上都是商业投资的一种，最终目的也是需要通过前期投资来取得后期回报，本质上就是一个投资与收益的过程。投资企业怎么通过这种差异化的旅游项目获取利益，通过什么样的前期定位和后期运营将投资放大继而产生更大价值，是整个项目的终极目标。

④ 准确性。

一个准确的市场定位必须有专业策划、专业旅游设计知识、跨界视野以及精准的政策拿捏度和敏锐的市场嗅觉，另外还要具备多种理论与强大的实战能力。一方面要知道外界客观市场的综合状况，另一方面也要知道自身的能力所及以及强弱特质，“知己知彼”是做出准确市场定位的基本前提。

⑤ 可行性。

任何一个定位都要具备落地性和可行性，一方面是企业自身需要足够的能力来驾驭和实现这样的目标，另一方面，是这样的定位一定要能让游客与市场认知和接受。一切高高在上、不切合实际或者操作难度过大的定位实际上都是无效的。

（2）定位方法

由于旅游项目在市场定位时需要考虑的面非常多，往往不是一次定位就能清晰和准确的，需要经历多次由浅入深、由模糊到清晰甚至回旋往复的过程，一般情况下，这样的定位过程和分析方法分为以下几种。

① 初次定位。

初次定位是指旅游企业初入市场时，从全局的角度出发，为自己寻找的一条广义的方向。这种定位方向较广，概念较为模糊，但由于是初次定位，所以它的最大难度就是要在众多的不确定因素中进行分析整合，整合出一条清晰的思路。不仅要考虑旅游整体产业链条，也要涉及一定的健康产业、文化产业，还要从文化创意、管理整合等角度出发，为以后所有的工作进行铺垫。

② 避强定位。

这是一种避开强有力竞争对手进行市场定位的模式。当企业意识到自己无力与强大的对手抗衡时，则选择远离竞争者，根据自己的条件及相对优势，突出自身与众不同的特色，满足市场上尚未被竞争对手发掘的需求，这就是避强定位。

③ 迎头定位。

这是一种以强对强的市场定位方法，即将本企业形象或产品形象定位在与竞争者相似的位置上，争夺同一目标市场。实行迎头定位的旅游企业必须提供给市场质量更好或成本更低的旅游产品，这种定位存在一定风险，但能够激励企业以较高的目标要求自己。迎头定位要做成功，必要的财力和智力投入是前提，而且要做好打持久战的准备，对抗的力度和耐久度共同决定了项目的最终成败。

④ 终极定位。

当经过了初级定位及其之后的多方探索后，思路开始渐渐明晰并坚定起来，就到了做出终极定位的时候了。终极定位是指企业通过大量翔实的市场调研之后，针对市场而形成的一个完整、有机、系统的指导性纲要，需要强大而系统的大数据支撑，才可以形成一个确定性的结论。

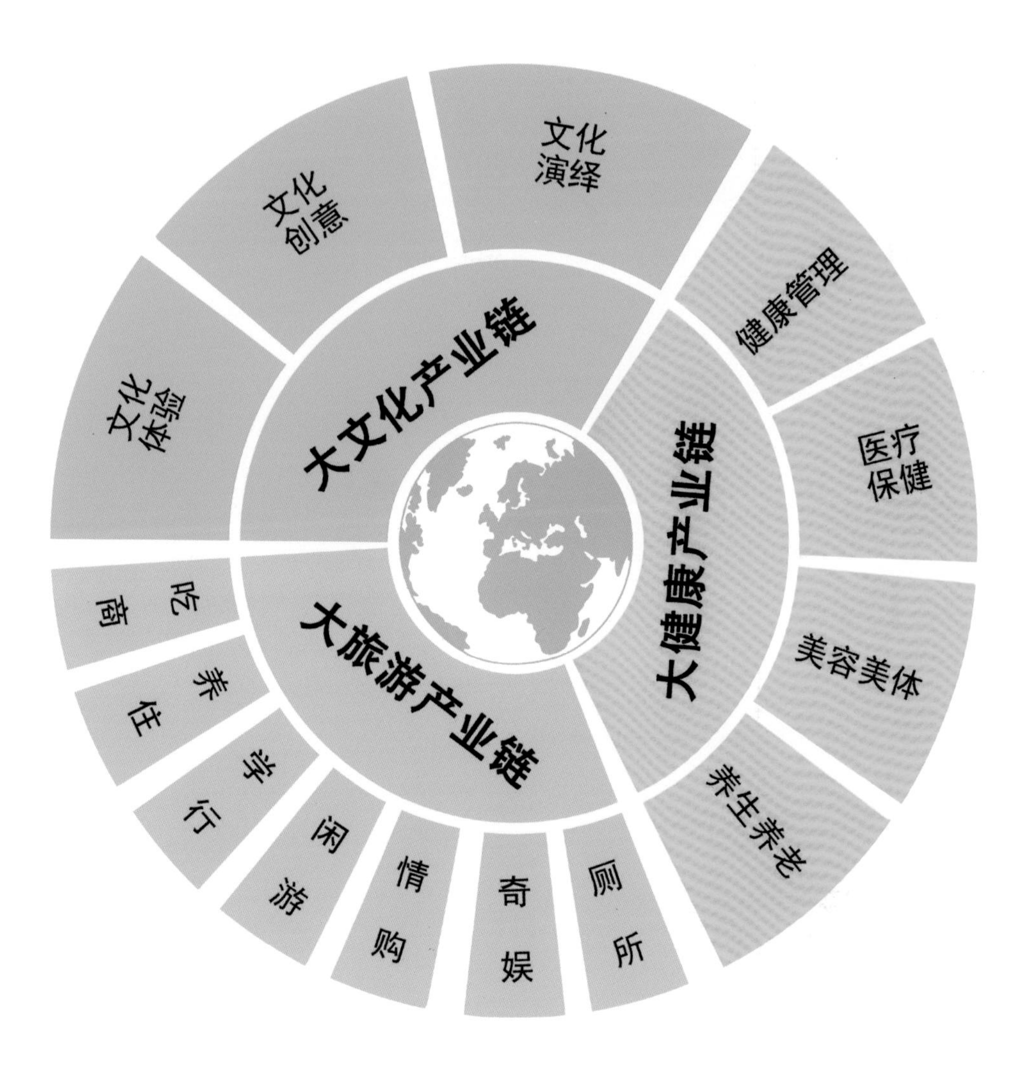
大文化产业链
大健康产业链
大旅游产业链
文化体验
文化创意
文化演绎
健康管理
医疗保健
美容美体
养生养老
吃
商
养
住
学
行
闲
游
情
购
奇
娱
厕
所

大旅游产业链

旅游体验序列设计

旅游体验是一系列活动的产物，这种体验是游客在一个特定旅游地花费时间来游览、参观和学习所形成的，由众多复杂因素构成，包括个人感知、地方印象以及所有景区所售卖的产品等。所谓体验式旅游，是指“为游客提供参与性和亲历性活动，使游客从中感悟快乐”，其目的是让游客忽视掉“消费”的特性，在体验中不知不觉进行消费。20 世纪 80 年代中后期，国内一度兴起的城里人到农村“住农房、吃农饭、干农活”的形式，就是体验式旅游的雏形，“农家乐”的概念也由此展开。而后兴起的探险式旅游则更多的是追求感官的刺激，例如漂流、爬山、潜水和攀岩等。另外，度假式旅游着重提供一种休闲的氛围让游

潜水

登山

刺激性的体验活动

客感受到轻松愉快。从性质上看，旅游体验类似于一种“镜像体验”，通过目的地这面镜子，游客在凝视“他人”的同时，也在认识着自我。旅游体验具有多重层次结构，从时间上看，包括预期体验、现场体验和追忆体验，呈现出阶段性特征，并随时间的流逝而不断升华，进而演化成人们的生活经验和精神世界的一部分；从深度上看，旅游体验呈现出一定的层次性，基本可分为感官体验、身体体验、情感体验、精神体验和心灵体验5个层次，越是深度的旅游体验越能让游客感到旅游的价值意义；从强度上看，旅游体验通常可分解为一般性体验和高峰性体验两个层面，越是能达到高峰性的体验，越能使游客感到旅游的价值。

漂流

攀岩

“体验感”是当下被众多行业提及和关心的一个热词，把“体验”紧密融入到商业活动中，已经成为了众多项目操作模式的必备条件之一。据统计，在以纯商业买卖为主的商业模式中，消费者平均逗留的时间只有45分钟左右，而在一个除了纯商业买卖还融入了娱乐、休闲、文化消费等综合“体验式”消费的商业模式中，消费者平均逗留的时间可保持在2.5～3小时。

谈到旅游体验的“序列”，从现实具象的角度来说，这种序列就是由各种文化欣赏的节点、演艺娱乐的节点和各种游客可以参与互动的节点所串联起来的线性游览路线。需要注意的是，处在这个游览路线中的体验性节点，每一处的具体位置以及前后顺序都是需要根据综合情况来理性排布的，既有让人眼前一亮的精彩开始，也要有顺势而上的发展，更要有震撼的高潮，最后还要有华丽的结尾。另外，这些节点必须巧妙穿插在商业的业态中间，以娱乐体验带动商业、用商业保证体验所带来的间接性经济价值，还必须与商业业态、建筑、游览空间结合在一起。

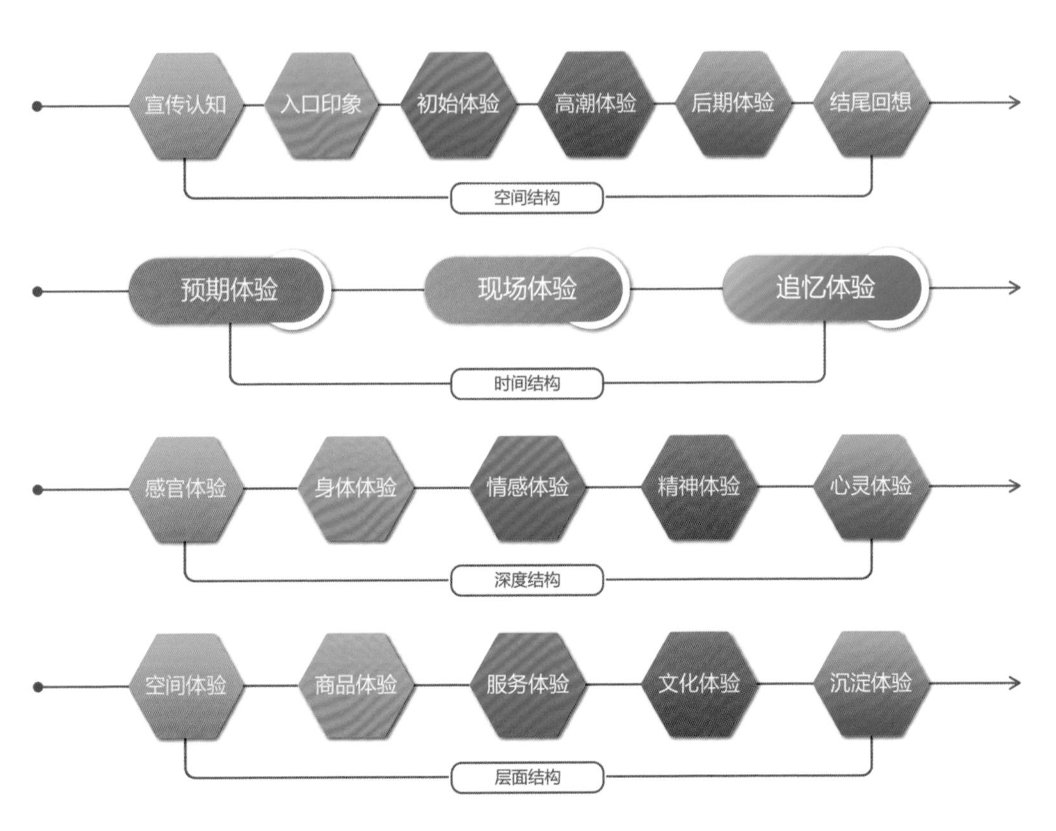

不同类型的旅游体验层面

3 业态布局规划设计

商业业态是指经营者为满足不同的消费需求而形成的经营模式或营业形态。旅游项目中的业态规划，则是指充分利用各种旅游资源，为实现成功招商、销售和运营而对项目各功能分区和不同板块所进行的业态规划。商业业态规划是一个旅游项目中整体性的、具有战略意义的商业组合，综合反映了该景区的整体定位和特色。合理的业态规划能为项目的招商提供方向性的指导，同时也能在项目的运营过程中为商家创造利润，通过整体效应扩大项目的商业影响力，吸引更多的目标顾客，增加景区的内在价值。业态规划是旅游景区建设的重点之一，无论是面向本地消费者还是旅游者，项目必须得有足够的休闲业态才能留住游人，吸引消费者消费。

一般休闲民俗小镇的业态种类

类别	内容	吸引力表现方式
旅游商品类	银饰、珠宝玉器、民族服饰、土特产（茶叶、牛肉干等）、古玩店、书画店等	装修 + 商品 + 服务方式
餐饮类	酒吧、特色茶餐厅、休闲食品店、民族餐厅、咖啡厅、茶吧、书吧、水吧、果吧、网吧、冷饮店、面包店等	餐饮 +DIY 制作，餐饮 + 自然风景，餐饮 + 人文风情（娱乐表演、街边风情）
休闲娱乐类	各类景区娱乐休闲配套、民俗活动、健身房、动感影院、KTV、洗浴、足浴、按摩店等	—
宾馆客栈类	包括现代宾馆和特色客栈类，在以旅游者为主要服务对象的休闲旅游小镇，特色客栈较具吸引力，如青年客栈、家庭客栈、名人散居客栈、私房菜客栈、纳西客栈等	特色、主题等
演艺类	特色文化与民俗演艺（含非物质文化遗产类）	特色、参与
服务配套类	银行、邮政、票务、药店、诊所、超市、眼镜店、烟草、音像店、箱包等	—

经过专业机构对几大民俗古镇的旅游业态分析，按照面积和配比计算，理想的旅游小镇业态配比为餐饮 7%、旅游商品经营 50%、休闲娱乐 10%（未来休闲娱乐比重可适度上浮）、服务及配套 10%、宾馆及客栈 5%，剩余 18% 为商品经营、休闲娱乐、服务及配套之间灵活分配。随着全民旅游时代的不断推进，乡村民俗旅游已从初级观光、简单吃喝和同质化向高级休闲与差异化发展，从单体经营向集群布局转变。美丽乡村研究中心总结出了乡村旅游在新时代中的八种新业态——乡村民俗酒店、国际驿站、采摘篱园、养生山吧、休闲农庄、生态渔村、山水人家和民族风苑。总的来说，一个好的业态布局，应该做到以下几点：

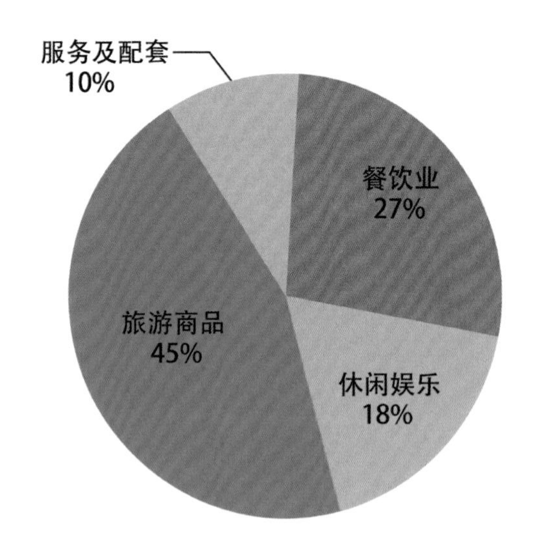

凤凰古城商业街业态分布（按面积分）比例

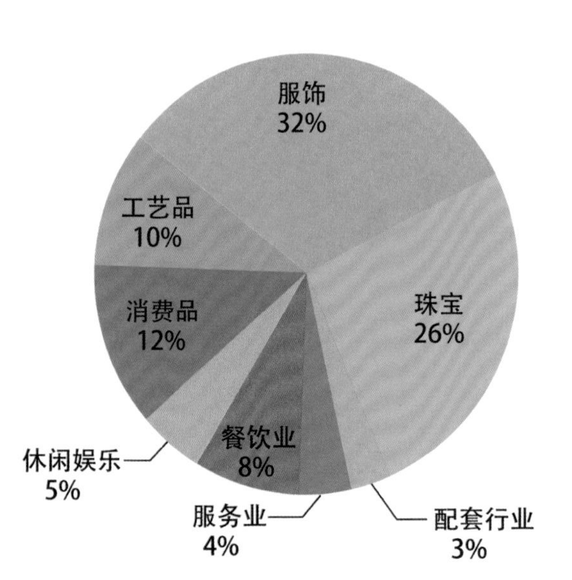

大理古城商业街业态分布（按数量分）比例

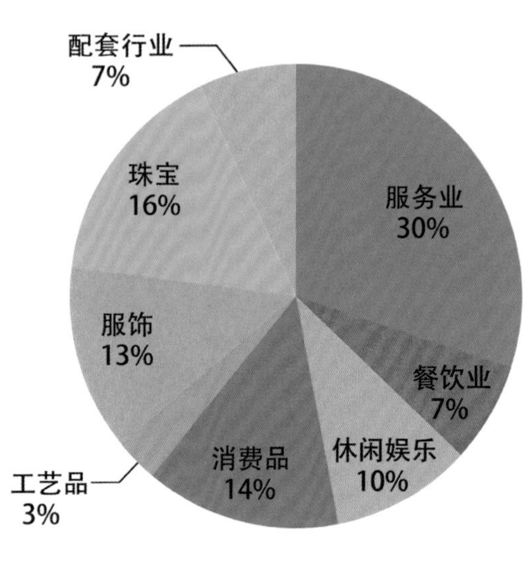

丽江古城商业街业态分布（按面积分）比例

几个著名古镇的业态配比

（1）业态主题化

打造特色主题街区，根据当地人文特点以及每条街的位置和走向，通过不同类型、主题突出的业态，形成丰富、呼应、逻辑递进的、具有一定差异性的业态布局模式，竖立“一街一品”的品牌形象，给游客营造清晰且反差明显的游览选择概念，用特色化、集群效应化的特点来吸引游客，培养和引导游客按照“目的型”消费模式来迅速选择，实现消费的快速形成。

（2）业态多元化

要避免单纯旅游商品售卖的传统模式，集餐饮、购物、住宿、休闲娱乐等于一体，兼顾本地消费和游客消费，构建主客共享的多元化旅游商业业态集群。要实现业态的多元化，不能把思维限制在“仿古”“民宿”“传统”的架子里，一定要用现代和全局的眼光来看待问题。总的来说，凡是游客喜欢的、大市场缺少的、新奇的、适合项目自身的业态都可以收纳进来，并通过外在的包装让现代的业态与原有小镇风貌相吻合。

（3）业态体验化

随着旅游行业的持续发展，旅游项目急剧增多，传统的业态结构和单纯的商品买卖不一定能够让投资者在短期内得到理想的回报，因此需要我们站在前瞻的角度，对今后的旅游市场进行深入剖析，让大家少走弯路、尽可能地规避投资的风险。新时代下旅游特色小镇的业态布局应该从以下几个方面入手：

① 要素聚集模式。

要素聚集模式从“食、住、行、游、购、娱”的旅游六要素出发，对现有的业态体系结构进行分析，通过对已有业态的补充和提升，使旅游地的游憩结构更加完善，达到业态合理聚集、整合发展。美国迪士尼乐园完善的要素配置和业态布局是其一站式服务的关键，给予了游客全面的

旅游小镇四大布局模式

体验和完整的欢乐回忆，成为全球主题公园开发经营的典范。国内外很多大型旅游项目亦是如此，如杭州的宋城、开封的清明上河园、深圳的民俗文化村等，也早已成为全方位式的“一站式”旅游目的地。

② 空间复合模式。

空间复合模式是指在一定地域空间内培育泛旅游产业体系中的相关业态，使其与旅游业态合作共生，形成多功能复合空间，满足消费者的多种需求，形成集群化发展。上海松江新城的泰晤士小镇，聚集了婚纱摄影、星级酒店、高档餐饮、豪华游艇、展览馆等多种业态，是成功的综合性休闲地产开发；北京的古北水镇，也是将民俗体验、艺术品展销、旅游演艺、VR 虚拟体验、民宿、婚纱摄影等业态组合在了一起；南方的某些寺庙，经营起了以禅文化为主题的素食馆、茶馆、咖啡馆等，这种突破性的业态模式值得大家思考。在今后的旅游业发展中，在游客多元化和广阔接受度的前提下，跨界式的业态组合模式势必是未来旅游业态的大趋势。

③ 市场组合模式。

市场组合模式针对不同的目标市场，推出相应的业态组合，且这些业态有一定的产业关联度，既能满足不同市场需求，

重庆两江影视基地

又能达到以业态聚集为基础的产业集群化，如丽江古城内不同风格与市场定位的各类客栈、酒吧、咖啡馆、茶馆、创意零售店铺等应有尽有。但我们逆转思路会发现，旅游市场有高有低、有深有浅，针对不同市场进行不同的定位区分，很多时候所谓的“精确消费人群”概念会变得越来越模糊，因而旅游小镇将重心放在业态的不同层次搭配上，做到雅俗共赏才是最合适的。

④ 产业融合模式。

产业融合模式是指基于旅游业与其他产业融合的业态创新，以及新旧业态创新聚合的模式体现在一定地域内不同产业间的相互渗透、不同业态的集中布局和共同发展。如重庆两江影视基地，就在其基地内原有影视业务的基础上开拓旅游市场，提供旅游供给，实现了同一时间、同一地域空间内两种产业的复合经营。很多以自然风光为主的旅游景区也在其周边做出小幅度的开发利用，整合出一些可以满足游客的配套业态，由景区统一管理，这样质量与安全就有了很大的保证。具体到旅游小镇的业态，亦应该寻找到一条坚实可靠的支柱性产业，“以旅游带动产业、以产业助力旅游”才是最良性的发展之道。

运营管理模式设计

一般情况下，一个旅游景区在运营管理时，具有几个方面的主要任务，即旅游景区如何吸引游客、如何为游客提供满意的服务、如何实施旅游景区的可持续发展，由此生成了三种不同级别的运营模式——打造旅游吸引力的前期运营模式、提高游客旅游体验感和满意度的中期运营模式、站在大运营角度下全面展开景区发展的后期战略性运营终极模式。现阶段国内景区的运营管理模式主要分为整体租赁经营模式、上市公司经营模式、非上市股份制企业经营模式、隶属企业集团的整合开发经营模式、隶属地方政府的国有企业经营模式、隶属政府部门的国有企业经营模式、兼具旅游行政管理的网络复合治理模式、兼具资源行政管理的复合治理模式、隶属旅游主管部门的自主开发模式和隶属资源主管部门的自主开发模式十类。

关系着景区发展与存亡的运营模式需要站在战略性的角度和运用多方知识构架方可建立起来，具体来说，需要考虑到几个方面的因素，如景区的核心吸引力怎样打造和维持，游客的服务质量怎样提升，如何应对不断变化的市场及新兴景区对自身形成的压力，怎样满足游客飞速增长的旅游品位和需求，如何让景区不断地创新变化与提升，如何让景区以最小的投入获取最大的经济利润等。

一个景区的打造方式不能生搬硬套，一套针对性强的运营管理思路亦不能随手拈来，每一个景区所处的环境都不一样，自身也都有着不同的特质，确立一套高规格的、能够统领全局的运营管理模式是景区可持续发展的前提。

资本收支系统设计

在旅游项目细节布局上，除了传统的旅游资源评估方法外，需要从更多的渠道采取更专业的方法对目标项目进行评估。国内现有的一些专业评估公司，会以其标准的投资评估体系对旅游项目进行分析，并通过多种成熟的筛选方法对项目的开发价值、开发方式、开发前景和经济效益等综合评估形成评判，提高投资可信度和可操作性，确保项目启动之初就进入正确的发展方向。旅游投资和营销策划专家对目标项目进行前期论证是旅游项目评估的重要环节，通过专家团体对资源、政策、市场等方面进行非常规整的思考以及论证，丰富、完善或提升评估体系的内容，二者相辅相成，确定项目投资前景。

6 美学与人文表达设计

美学和人文都属于意识形态的范畴，其本身具有一定的模糊性，因此在旅游项目中的表达是一件比较困难的事，需要高超的技艺才能将其植入到具象的项目形态之中。游客对于一个景点的旅游体验，就是这个景点所传达的美学形象和人文意识形态。不同的项目应该有不同的表达，一个景区中的“文化”，实际上就是它所表现出来的美学和人文意识，这种意识需要先行寻找、挖掘然后塑造，再通过展示和表达，最后才能植入到游客心中。例如北京地区的项目可以打造清代文化、陕西关中地区的项目打造秦汉唐的文化、成都附近的项目可以“楚汉文化”为核心而展开，上海地区的项目可以“民国文化”而延展。不同文化体系下的审美形态和人文精神都是不同的，把握住大的文化方向，再结合项目自身的特点，就能把握住美学和人文表达的关键。

历史、文化和美学因素需巧妙而含蓄地融入到旅游设计当中

旅游建筑设计

旅游项目的本质特点，决定了其外在形态应该具备很强的观赏性和艺术性，所以对于旅游建筑的操作，就不能以正规、严肃的设计意识来对待。旅游建筑属性的很大部分是艺术性，建筑设计应该选择偏重艺术展现和拥有想象力和突破性的设计团队来操刀。旅游项目的设计除了尊重当地文化脉络的前提外，其最核心的理念是灵动、趣味、新颖，具有艺术性和观赏性。

空间的软性装饰设计

旅游项目的本质之一就是“眼球”经济，要达到这种“眼球”效果，单凭建筑的外在造型是很难满足的，所以空间的软性装饰就显得特别重要了。民间关于女人有一句俗语“三分长相，七分打扮”，室内装饰方面一直也在提倡“轻装修，重装饰”的装饰理念，可见“二次装饰美化”在室内或公共空间上面的重要性。现实中，在一些文化商业性质的建设中，经常会出现一些装饰、装修的造价大于建筑主体造价的情况，这也充分说明人们已经清醒地认识到了美化装饰的价值和作用。旅游建筑的二次装饰就是对建筑审美的再次提升和升华，在具体的认识和操作建筑二次装饰的时候，应该具有以下几个方面的认知：

艺术公共家具

文艺化的门头装饰

室外雕塑

各种室外挂饰

竖向绿化

室外装置艺术

各种照明灯笼

各种牌匾

各种室外陈设、堆头

各种绿化景观

各种室外构筑图

景区室外装饰的几大类别

（1）软性装饰是建筑空间审美表现时的补充和延展

建筑本身的功能和性质决定了其首要的任务是满足使用，同时还是一个具有室内空间的“容器”，所以这样的大前提下决定了建筑无法像其他艺术（如雕塑、绘画）一样，可以肆意大胆地变化和创新。它只能在不影响其施工功能的前提下，在外观的细节处做一些变化和艺术处理。因此，建筑完成之后的第二次软性装饰，就能很好地弥补建筑在氛围营造上的不足。很多旅游项目（如鼓浪屿小岛上有着浓烈文艺的小店、开封大宋武侠城内的江湖街、海口的 1942 电影公社、丽江的一些充满了地域和生活气息的客栈等）都是靠着各种充满生活和文化气息的软性装饰物来提升整个空间的格调，带给了游客浓郁的旅行体验。

鼓浪屿文艺小店

开封大宋武侠城

海口 1942 电影公社

丽江古城精品客栈

旅游空间中不同风格的软性装饰

(2) 旅游项目的氛围和文化很大程度上要依赖软性装饰来体现

一个实体项目中的氛围和文化，是靠空间所有的造型和器物烘托出来的。纵观历代人文研究，我们除了从古代建筑中获取灵感以外，其他如各种绘画、器皿、配饰、雕刻等也是重要的信息来源。同理，在一个旅游项目中，除了建筑，各种门楹牌匾、布艺旗幡、花草景观、室外陈设、艺术装置以及其他各种可以代表时代和人文特色的装饰品，都是体现氛围和文化的重要装饰物。

(3) 旅游项目的软性装饰亦是一门美学的专业学问

在相当一部分普通人的直观认知中，一个旅游空间的软性装饰无非就是挂个牌匾、对联，再加上几幅画和几盆花草而已，实则不然。纵观整个国内的旅游建筑，无外乎古民居（民俗）建筑、官式古建、现代中式建筑或夹杂其他含义的文化性建筑几种，由于建筑本身的使用功能，决定了其在艺术表现上的局限性。一些附加外来文化或现代文化下的旅游建筑，主题鲜明、特征突出，容易达到旅游观赏与艺术表现的双重效果，所以建筑之外的装饰就成了弥补和提升旅游空间氛围与艺术气息的唯一手段。

一个只有“三分长相”的女人，要通过“七分打扮”达到形象、气质俱佳的效果，关键一点就是她是否拥有较高的化妆审美和高超的化妆水平，能否真正把握和实现这个“打扮”的环节，从而让自己的颜值加分。旅游项目的软性装饰应由专业的室内设计团队来设计，由精通各种装饰工艺、装饰材料并具有“匠心”精神的装修单位来施工，这也是值得每一个旅游项目的决策者重点关注的。

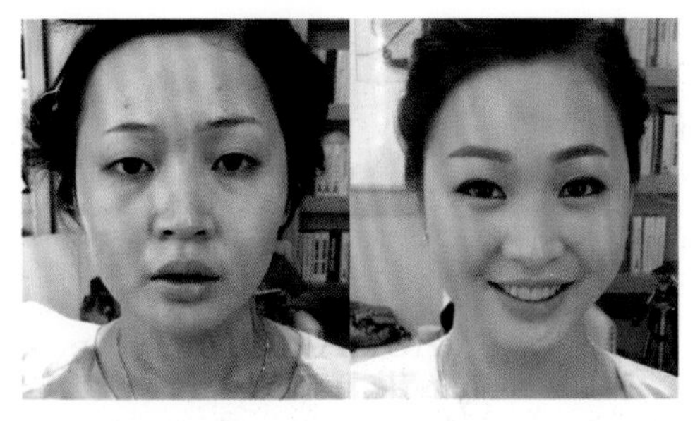

女人化妆前后对比

纳西民居软装饰前后对比

旅游空间软装饰的重要性

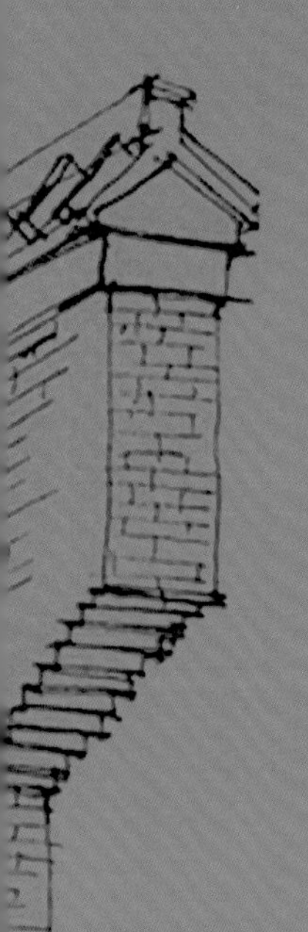

第三章

如何从无到有打造一个旅游小镇

旅游小镇的打造应该从旅游构成的宏观角度来认知，按照正规旅游项目的各个要素来建设，如接待、管理、住宿和公共服务等配套功能。旅游小镇的标准化建设，除了宾馆酒店应实施星级标准、景区实施级别标准外，道路、车站、码头、餐馆、茶楼、剧场、商家、摊位、公厕等，都应贯彻旅游的技术与服务标准，其他建筑外观、摊点秩序、工作服饰、服务用语等，小镇可以自行制定。旅游小镇在业态和功能上，应与旅游大城市相媲美，“麻雀虽小，五脏俱全”，各种旅游要素应齐全、档次要多样、形式要多元，这样才能保证游客消费有够多的选择。

做好旅游小镇，首先要打破狭隘的经营思路，除了具备必要的吃、住外，还要因地制宜构建“旅游 +”的特色，深度研究方方面面，熟悉并学会整合一切要素，如会议小镇、旅游购物小镇、各类体育（赛事）小镇等。本章将综合各种因素，为大家整理出一个清晰明确、切实具体、具有较强操作性的特色小镇打造流程，供读者参考运用。

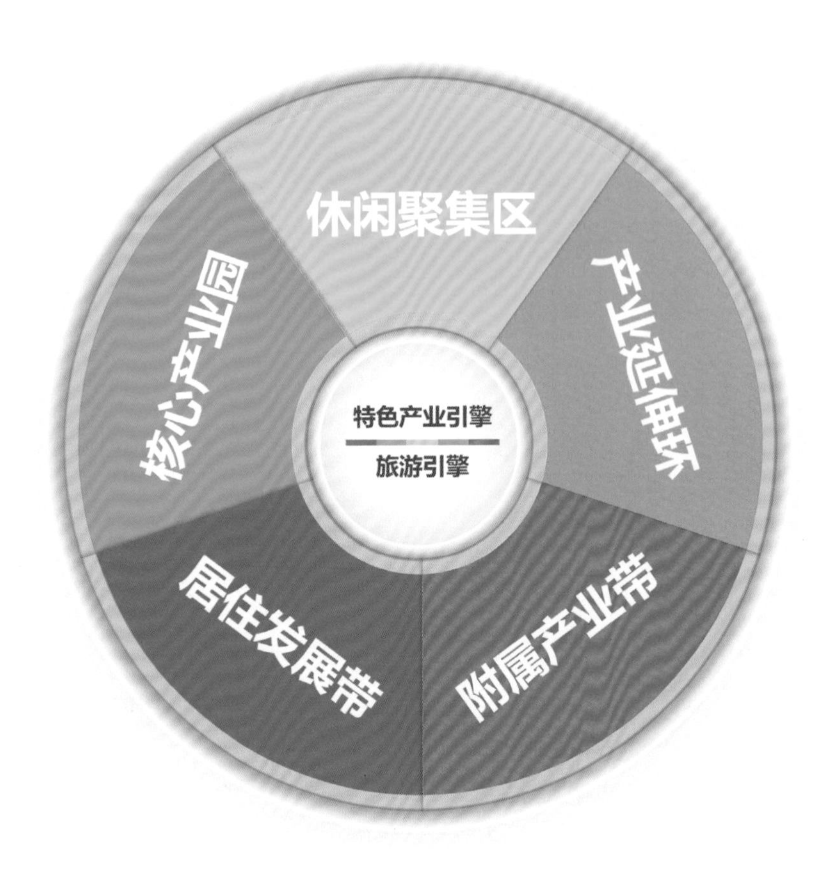

旅游小镇的要素聚集

研究项目所在地的市场，确定目标，做出可行性分析

古语说“知己知彼，百战不殆”，任何一个项目都是与周边的人群、经济、文化、社会的接受度等方面息息相关的，所以要正确认识和判断自身项目的正确性，就必须要有认识和分析市场的谦虚态度。这个投资决策的过程，最重要的就是对旅游资源及项目开发价值的评价，投资商可以聘请旅游投资专家，通过对初步的资源、市场、交通、环境、政策考察和对周边其他旅游项目的纵向比较之后，提交一份《旅游项目投资预可行性研究报告》或《旅游项目投资价值评价报告》，以作为决策依据。

项目前期的市场研究和可行性分析是任何一个成功项目不可忽略的环节，也是确定该项目核心思路的过程，对后面的运作具有灵魂和方向性的指导意义，这一步的疏忽和错误，会直接影响到项目的成败。

（1）研究项目所在地的外围综合旅游市场

研究旅游项目所在地的旅游市场，简单来说就是“市场调研”，是一种把消费者的需求和市场联系起来的特定活动。这些信息用以识别和确定市场营销策略的产生和改进，本质上就是企业得以在市场上存活和发展的依据。不做系统、客观的市场调研与预测，仅凭经验或不够完备的信息就做出营销决策是非常危险的。旅游行业的市场调研大多数是针对于大范围的，当面对一个具体的、特定项目的时候，就应该从更加微观、细小的方面着手了。比如处在某个市区郊县的某个特定项目，首先要搞清楚大的旅游市场行情，这可以从周边市场的人口分布、距离核心大城市的距离点位、当地的平均经济与消费水平、项目地周边已有的旅游项目的分析和种类、项目本身在政策和人脉等方面客观的资源角度来进行综合分析，同时也应该了解该项目本身所在区县旅游点的布局与经营状况，并要分析自身所在的具体市场，从中得出大致定位，确定项目的打造目标。

(2) 对之前的研究和确立的目标做出可行性分析

这里所说的可行性分析指的不是普通项目在字面意义上的“可研报告”，而是真正对一个项目执行的思考与决策。这种报告的首要一点就是要确立项目的必要性，核心是要从经济投入与回报的角度来分析项目能否获益、多久可以收回成本等，而某些带有公益性质的政府项目则可以不必在意这一点。说得细致一些，就是要计算清楚项目的总投资及其构成，即土建部分、装修、设备、绿化、基础设施、污水处理等各项占用的资金额，以及运营开始之后的人流量、门票收入、其他子项收入，还要扣除项目原本的运营费用和折旧费用，这些科学、细致的分析统计是保证投资成本回收的前提。另外，就是各主要游乐项目技术的可行性分析，包括由哪些设施组成、设施的来源、设施的成品和使用年限等。还有就是游客的来源问题了，游客从哪里来，一定的时间段里能来多少，直接游客是什么，间接游客是什么，游客的人均消费能达到多少，等等。

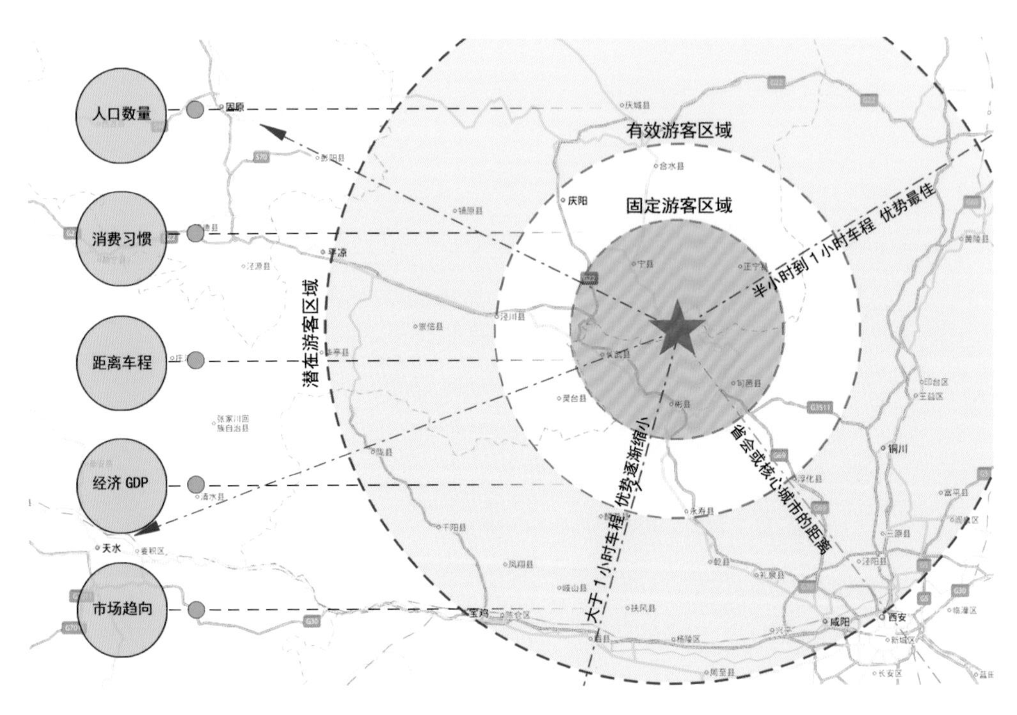

旅游市场的综合分析

投资者自己的旅游开发管理团队搭建

当项目开发者研究了旅游市场、确定了开发目标、坚定了信心和决心以后，就应该着手组建自己的旅游管理团队，并制定开发运营的管理构架和制度。一个旅游项目的开发管理包括了前期工作、建设管理、开业运营三大阶段。前期工作阶段内容包括委托旅游投资顾问公司进行市场调研、委托旅游产品策划机构进行产品策划、委托规划设计单位进行规划设计、编撰文件向政府相关部门报批或向社会招商等。建设管理阶段主要负责建设准备工作和工程施工期间的管理工作，保证工程按设计和合同要求完成。后期阶段，景区管理部门主要负责开业之后的营销策划，以及落实景区运营必备的人、财、物，提高景区的经济收益和社会影响力。一般情况下，旅游开发管理团队应该具备的部门和岗位包括以董事长或总经理为首的核心领导团队、行政部、人事部、项目策划创意部、宣传部、工程管理部、招商部、运营管理部、财务部和合同部。

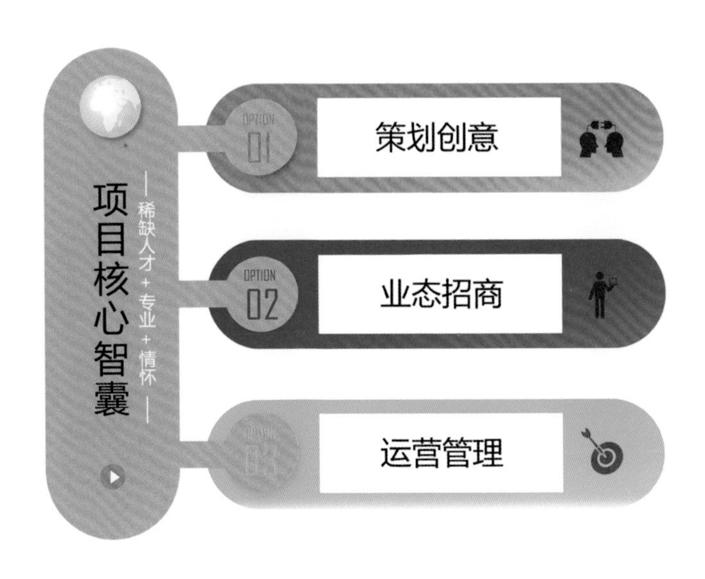

旅游开发的核心团队

完成可行性研究、立项及各种报建手续

（1）可行性研究报告的特点和方法

可行性研究报告是指从事一种经济活动 (投资) 之前，从国家政策、市场形势、建设方案、生产工艺、投资估算等各种因素出发进行的具体调查、研究和分析，从而确定有利和不利因素、判断项目是否可行，估计成功率大小、经济效益和社会效果程度，为决策者和主管机关审批的上报文件。一般情况下的可行性研究报告要突出项目的投资必要性、技术可行性、财务可行性、组织可行性、经济可行性、社会可行性、风险因素及对策等 10 个方面。由于可行性研究报告对项目建设的可行性和盈利性具有决定意义，是在投资决策前对拟建项目全面的技术、经济分析，所以“科学性”是其最该遵循的原则和特点。其研究方法可以从宏观经济环境信息、微观市场环境分析、行业发展的关键因素和发展预测这 3 个层面来研究。

可行性研究报告是项目决策的主要依据

（2）可行性研究报告的大体构成

编制一个旅游项目的可行性研究报告时，一定要遵循相关的法律和规范，一般情况下触及到的有《中华人民共和国土地管理法》、《旅游规划通则》、《旅游资源分类、调查与评价》等。旅游项目的可行性研究报告大致分为项目概况介绍、项目建设性质、项目开发单位概况、项目可行性研究报告编制依据、项目建设的必要性和可行性、项目的投资和资金来源、项目的资源及生态保护方案、项目的投资估算和建设的周期安排八大章节。其不同于普通的工业或商业项目，除了经济效益方面的评价、分析之外，还应该在打造社会文化、提升项目所在区域的文明程度等角度做适度的考虑。

（3）旅游项目的立项

一般情况下的项目立项可分为鼓励类、许可类和限制类三大类，分别对应的报批程序为备案制、核准制和审批制，报批程序结束即为项目立项完成。一般旅游开发项目立项申请，需聘请具有资质的工程咨询机构撰写项目可行性研究报告，经旅游主管部门提交给政府相关部门。具体提交的资料包括项目开发单位提出的立项申请报告、由具有相应资质的工程咨询机构编制的项目可行性研究报告、旅游主管部门关于该项目的审批意见、项目所在地城市规划行政主管部门出具的项目规划选址意见、国土资源部门（林业、海洋渔业部门）出具的项目用地预审意见、环境保护部门出具的项目环境影响评价审批意见、节能评估报告、企业营业执照等其他资料。

（4）办理项目的土地手续和准备报建

旅游用地是一个旅游项目产生和发展必不可少的载体，要进行一个旅游项目开发的前提，就必须先拿到土地证和建设用地规划许可证。一般来说，一块土地必须经过规划部门核定规划要点并颁发了建设用地规划许可证之后，才能领取土地使用权证，这才是一个比较合理的前后顺序。

旅游项目的报建是指项目的开发商（或其代理机构）在该项目可行性研究报告或其他立项文件被批准后，向当地旅游和建设行政部门（或授权机构）进行报建，并交验项目立项的批准文件，包括银行出具的资信证明以及批准的开发建设用地等其他有关文件的行为。旅游项目的报建是一项复杂而漫长的工作，必须由专门的人员和部门来承担此项任务。

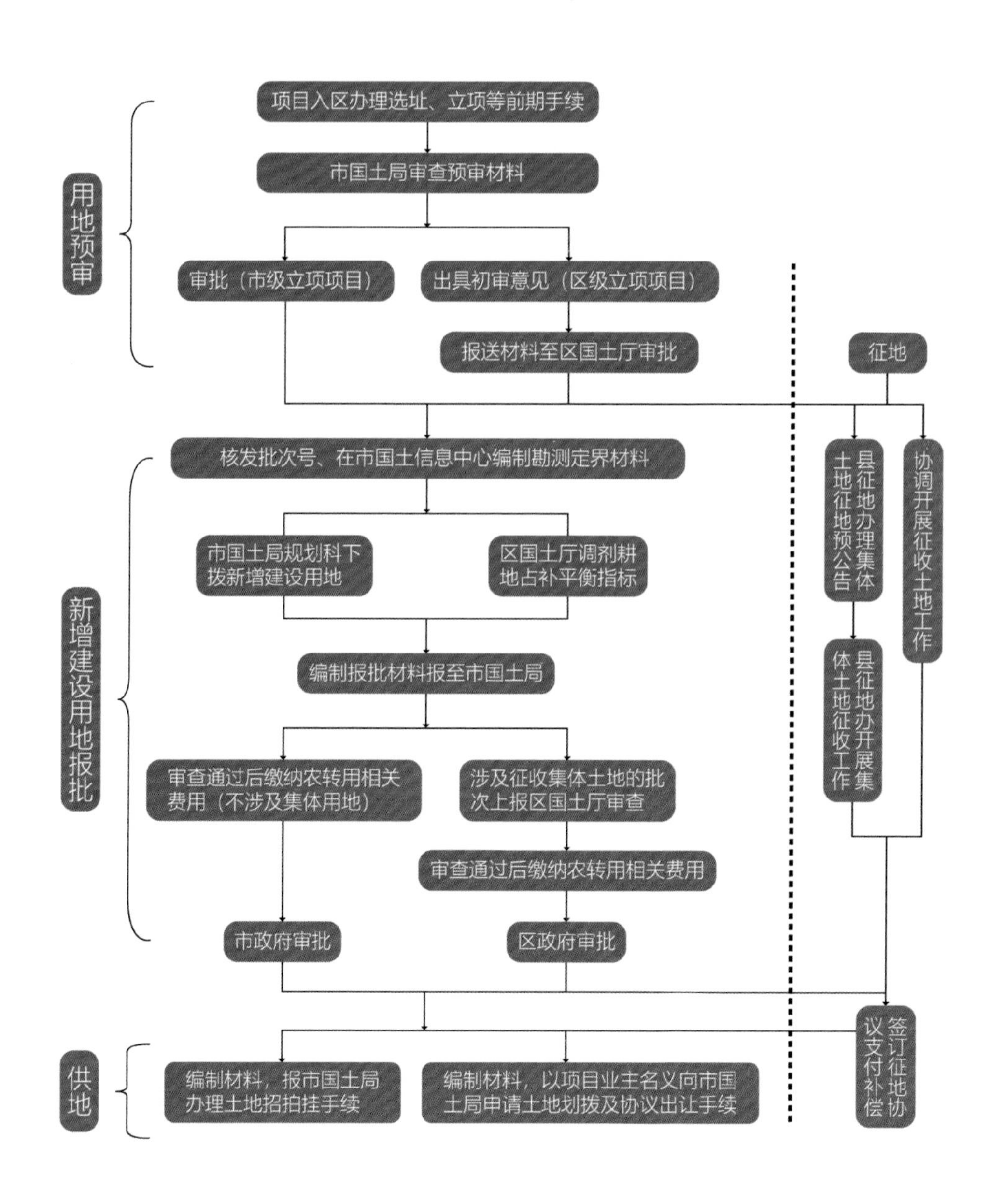

项目用地手续办理流程（以西安为例）

运用专业旅游策划知识组织项目大体框架

（1）旅游策划与旅游规划应有机结合

旅游策划作为普通策划的一个分支，是依据旅游市场的现实需求和潜在需求以及旅游地的资源优势，对旅游项目进行方向和战略定位的过程，也就是对旅游产品的研发、开拓、定性的过程。从本质上来说，旅游策划就是思想、文化的创造，其内容非常丰富，可以包含战略定位、产品形态、开发模式、运营管理等不同重要层级。

旅游策划与旅游规划必须按照策划在先、规划在后的顺序操作，不能颠倒，更不能相互替代，两者应该有机结合。客观上，我国旅游策划的时间并不长，各种策划标准与规范并不完善，要采取相应的措施来做好这种科学与艺术的结合，以资源为基础，以市场为导向，以产品为中心，以项目成败为本，以能否吸引游客为目的，协调好旅游策划与旅游规划的关系。

小贴士

旅游小镇的开发原则：

★ 文化性原则。文化作为精神文明的根基，是各种旅游形式的灵魂所在。在开发文化旅游资源时，应从历史学、民俗学、社会学、文学、地理自然学等多角度进行研究，把文化的“神”与“形”有机结合起来，并在整合包装中凸显地域特色，让文化和游客深入互动，提高游客的体验感。

★ 独特性原则。旅游小镇不仅包含着一定的民族差异性，也包含着一定的区域差异性。把握游客“求新、求奇、求异、求特”的旅游动机，使游客真正体验到与自己生活环境不同的异地文化是开发的重点。开发时要遵循独特性原则，凸显自身的人文优势和地域优势，充分体现差异性。

★ 保护性原则。除了对原有旅游资源的保护，地域文化生存空间的保护也是重点。旅游小镇的开发必须以保护为前提，在保护中挽救濒临消亡的非物质文化遗产和建筑艺术以及人文民风等。

★ 体验性原则。旅游小镇的旅游资源和自然资源、人文资源相比，最大的优势在于游客可以参与其中，感受风土人情。旅游小镇在开发时，要深入发掘当地的特有事象，将文化展示和人文体验结合起来，原驻居民的各种活动都可以策划成体验的一部分，带给游客浓烈而富有意趣的旅游体验。

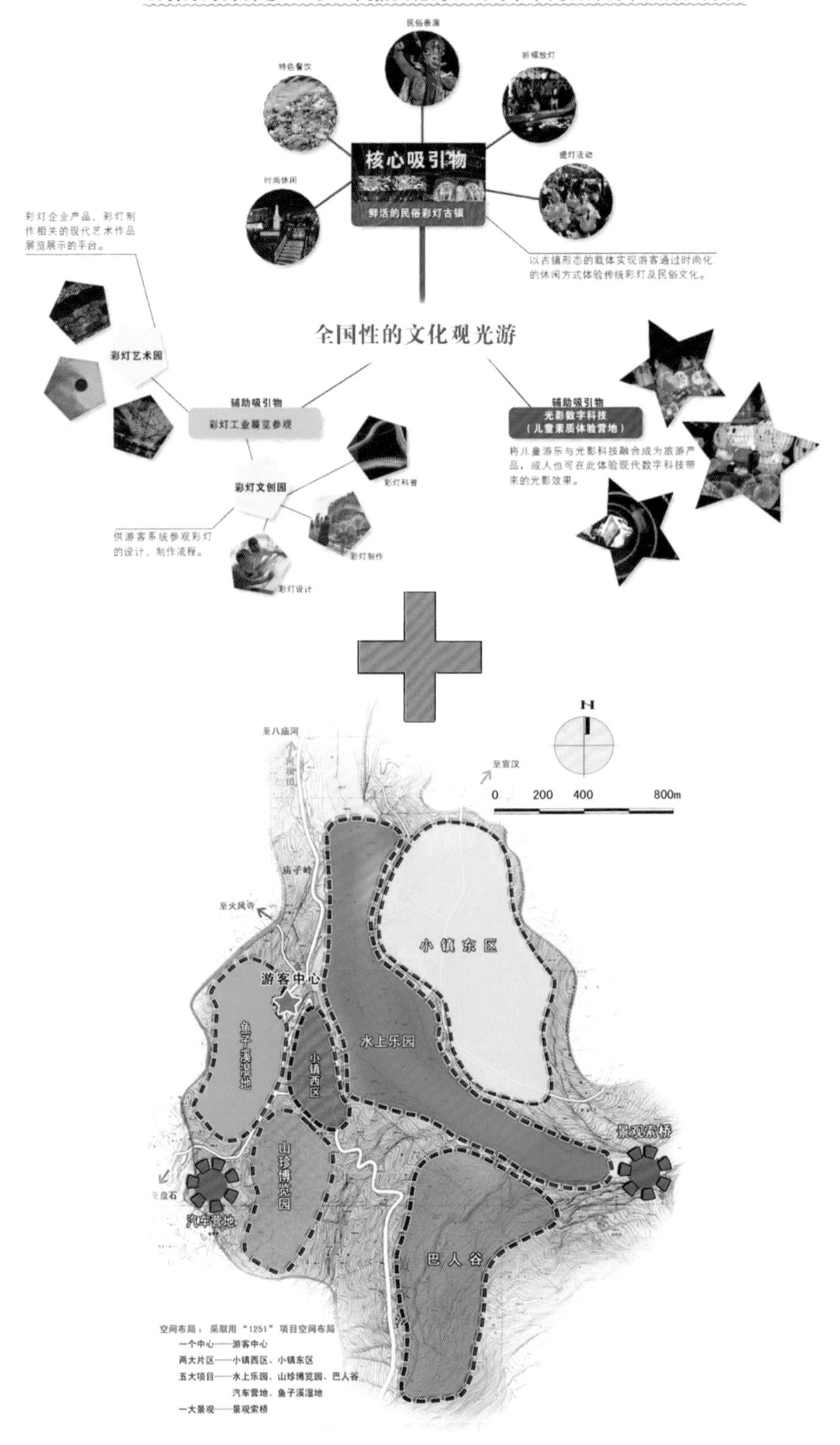

策划与规划应紧密结合、有机结合

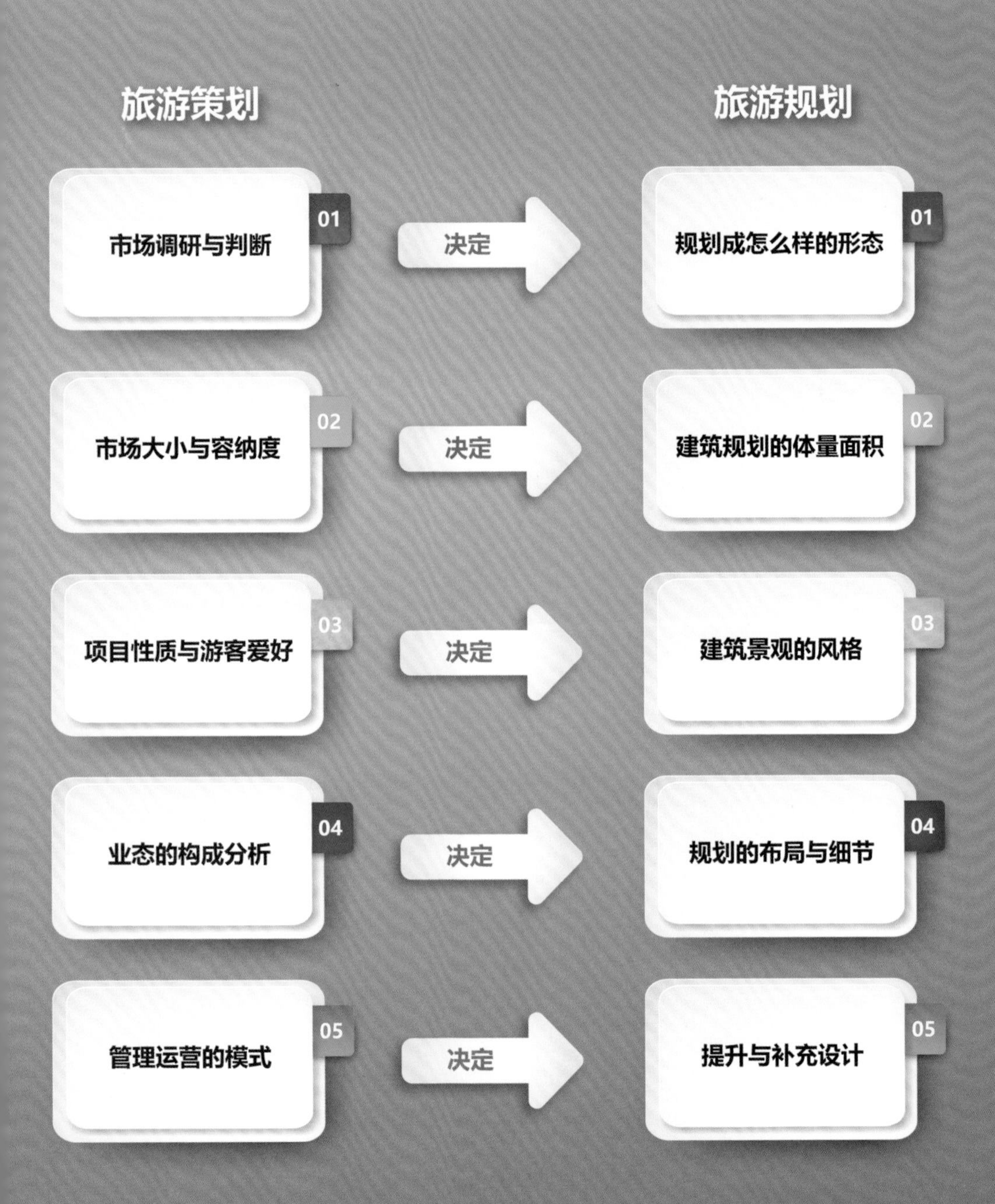

旅游策划对旅游规划的指导意义

（2）旅游策划的大体内容

策划是一个项目能够实施的“设计图”或“剧本”，一本好的策划书一定要具有丰富、翔实的内容，如果仅仅停留在策划书或卖弄概念的阶段，那么它就只是供人观赏的摆设，不具有任何实际意义。一个好的旅游策划要能让项目决策者可以付诸于实施，并最终表现在它的落实上。

① 资源分析。

考察项目周边环境及相关资源，进行定性的资源分析；对全国及周边区域相似的资源进行比较，形成资源评价报告。

② 市场研究。

收集与项目相关的市场资料，分析市场需求，提出项目精确的市场定位与明晰的市场目标。

③ 定位分析。

通过科学与理性的分析，对项目区域的发展方向进行定位，形成主题定位、产品建设模式定位、发展目标定位、功能定位、运营战略定位等。

④ 游憩方式设计。

整个旅游系统的游憩模式，一般按照游行观赏的线路进行设计，包括游乐内容策划、故事编撰与场景布置策划、体验模式策划、特色餐饮策划、特色住宿策划等。

⑤ 功能布局。

根据前面已经做好的市场定位，进行各种业态的配置与布局，再按照业态性质给出空间布局方面的结论。

⑥ 建筑、景观概念策划。

策划出项目建筑风格，包括园林景观、功能建筑，最好给出大致的建筑布局平面，并能将一些核心业态建筑需要的系统整理起来，确保其在事先就与工程建设进行良好的互通协作，保证建好的空间可以满足一些核心业态的进驻使用。

⑦ 商业模式设计。

商业模式设计包括卖点策划与分析、收入点设置、收入结构设计、营销模式设计、品牌策划、营销渠道策划、促销思路策划、商业模式整合等。

⑧ 文化装饰设计。

充分结合建筑的风貌特征，以及项目自身的运营思路，在建筑施工完成后，对项目的街区旅游氛围和各大节庆的氛围营造，给出具体的意见和示意图例，确保旅游项目的“颜值”。

⑨ 管理运营模式设计。

对项目投资运作进行目标和任务的分项计划，以资金投入为基础，按照业务顺序与结构板块形成具体的运营计划。

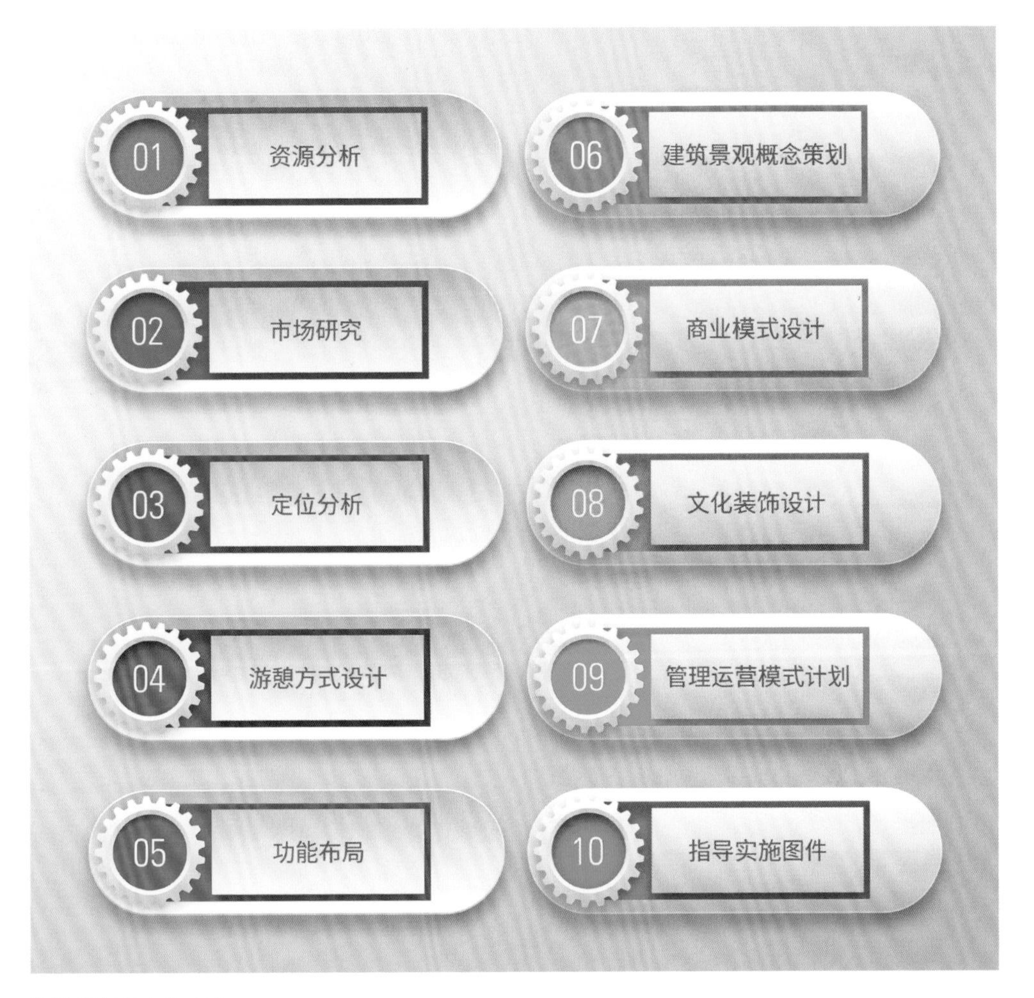

旅游策划的大体内容

⑩ 指导实施图件。

一般包括项目的区位分析图、市场分析图、现状分析图、功能分区示意图、项目布局示意图、核心主干道与游览路线的安排示意图、游憩方式与重点项目示意图、景观风格和重要节点示意图。这些具象的图纸，就是下一步做好规划和建筑布局设计的重要依据。

（3）旅游策划指导下的项目大体框架

策划作为一个旅游项目的纲领性步骤，引领和指导了之后项目的所有环节，最直接的方面包括具体的开发定位、旅游模式、规划建设思路、业态布局与构成、文化 IP 包装和管理运营思路。

① 开发定位。

旅游策划的第一大核心问题就是要解决特定旅游项目的定位问题，即已有的资金怎么花、已有的土地如何使用、该项目未来到底是怎样一种形态，这些都是引领项目以后操作手法的龙头。

② 旅游模式、规划建设思路。

旅游模式就是要把项目建设成什么样的具体形态以及游客参与体验的方式。规划建设思路则非常明显，项目规划和综合构成就是策划对项目指导时最直观的体现。

③ 业态布局与构成、文化 IP 包装、管理运营思路。

这三个方面相对抽象一些，只有在项目运营的时候才能见到效果，但这并不代表可以“务虚”，因为此三方面在项目立项之时就已经开始渗透了，所有硬件设施的操作建设，很重要的一点，就是要在策划的指导下做到与后期的运营使用完美契合起来。

旅游策划对项目建设的指导意义

项目建设层面的规划设计与建筑设计

（1）旅游建筑适合有经验、懂情趣、有情怀的设计团队来操刀

旅游建筑的特色和重点不是理性、工艺复杂和大体量，而应该体现在装饰的美观性、趣味性或是主体化方面，本质上说就是一种内部中空可以摆放人和物、外部好看且具有较强观赏性的艺术品。这样的设计需要一些开放、具有灵活头脑和艺术精神的团队来操刀，因为设计时一定要避免刻板和无趣。

普通思维 + 流水线式作业产生出的普通现代建筑

艺术思维 + 文艺情怀产生出的休闲旅游建筑

现实当中，很多已经建成的旅游项目，设计的方案原创性小、呆板、同质化严重，已越来越不被老百姓理解和接受，以至影响到项目运营乃至生存。而一些小型的旅游项目，比如庄园、农家乐等，造型丰富、有趣、接地气，以至人气火爆，从商业投资的回报率来讲，“秒杀”了很多大型的重投项目。

（2）旅游建筑要以人性化的功能为前提

从旅游建筑使用的类别上来说，首先要满足游客的需要，从实际应用的角度出发，站在游客使用方便的前提下进行合理化设计，例如设置一些休闲性质的小建筑供游人休息，减少旅行过程中的疲劳；在一些较为宽阔的地方设置一些茶馆，为游客提供食品、用品之类；在景区内的制高点或关键区域，设计一些可以让游客登高望远的观景台，既可以让游客感受到“一览众山小”的快感，也可以让这样的建筑变成景区内的地标。不管旅游建筑的形态多么夸张，其功能必须要符合建筑设计学的核心定律，既建筑的“功能性”。

说到“人性化”，那到底什么是旅游项目操作过程中的“人性化”呢？人性化即“最大限度地给游人提供方便和保持游人的心理状态处于安稳和舒适”。在所有与旅游建筑配套的细节上，应多从“以人为本”的角度出发，在每一处细节都能感受到顺其自然的方便，例如公共卫生间里一定要有一个方便小孩使用的洗手盆、垃圾桶最好放置在休息椅的附近、供游客休息的户外座椅宁多勿少、户外座椅可以与桌子结合起来、无线网络和低电压的手机充电装置也应该提前设计好等，所有这些细节就是体现“人性化”最佳的地方，而真正的“人性化”也往往都是从细节之处体现出来的。

人性化就是让人心理上产生舒适感和行为上感觉便捷、安逸

（3）建筑的规划和设计要具备灵动性，切忌呆板和直白

旅游建筑本身就属于游客旅游体验时很重要的一部分，从本质上来说，建筑应该就是一处旅游景观，可以供人观赏和拍照，获得建筑设计方面的愉悦体验。而要让游客达到这种体验，那么建筑本身就要具备一些特点，所以建筑的灵动性、艺术性和观赏性是必备的前提。

一些旅游项目在规划建筑群时，很容易就把城市商业的惯性思维带进来，形成明显带有城市规划味道的建筑布局

规划呆板、建筑样式单一的街巷空间

不同规划思路下产生的街巷空间

模式。这种呆板无趣、一眼看透的街道空间，让旅游的神秘性和趣味性荡然无存，游客失去了“发现”的乐趣，好奇心无从发泄，从而影响了整体的体验感。所以，旅游建筑在进行规划布局时，应尽可能蜿蜒迂回、曲径通幽，尽量不要让游客获得和感知到“清晰的游览路线”，而应该让其“迷乱其中”。建筑上不需要盲目追随城市里的商业建筑评判标准，一味追求所谓的统一、大气和序列，而应该尽可能地营造丰富变化的建筑空间，真正做到“移步易景”，让每一块区域都能形成一个单独的人文景观，这样才可以带动起游客与之合影拍照的冲动，最终营造出丰富、变化、趣味的建筑空间和立面效果。

规划灵活、建筑样式多样的街巷空间

（4）规划与设计必须依赖强大的市场科学数据

旅游建筑规划与细节设计的很多指导都是依靠前期的可行性研究与策划工作而来的，因为有了这些理性的数据指导，设计团队才知道应该设计多少面积的房子是合适的、设计成什么样的风格是对的、不同面积房子的比例是多少、建筑的一些细节应该怎么处理才可以适应以后的商业经营、个别的建筑应该具备怎样的灵活性才可以给未知的商业业态留出足够的适应空间等。

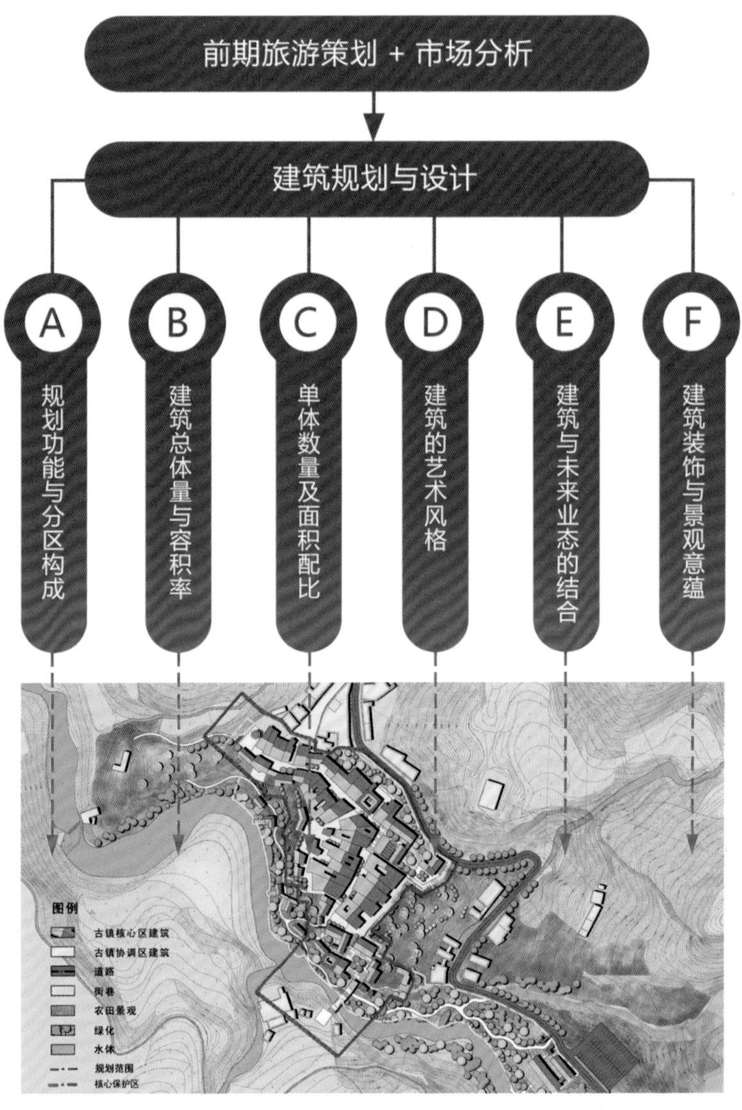

旅游策划和市场分析对建筑规划设计的指导

（5）细节设计要具备艺术性和装饰性

一个优秀的旅游项目，大的定位和规划固然重要，但在建筑时，细节的造型和意蕴也同等重要。很多的项目操作者，当大策划和规划完成之后，想当然地认为已基本完成项目前期的设计了，随后就交给了建筑及景观的设计团队来完成细节设计，甚至直接将工作重心转移到了后面的招商和资本运作方面，殊不知，再美好的规划在具体落地的那一刻也是不容忽视的。

一个旅游项目中，所谓的“大文化”和“大规划”是游客无法直接看到的，他们更关注的是设计细节是否具有神韵、是否具备一定的艺术感和强烈的装饰性。只有这样的项目形象才可以直接刺激到游客，“以小见大”地引导游客感知和认识整个景区的人文之美。

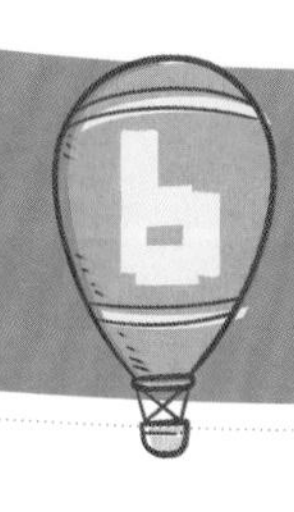

项目施工图的设计制作

一个项目的设计图纸基本可以分为前期的方案图纸和后期的施工图纸，从旅游项目的施工图制作来讲，其特殊性和复杂度远远大于普通的住宅建筑，是多种材料、工艺、工序的结合，找到合适的施工图设计团队是项目能够顺利建设的前提。

按理说到了施工图阶段应该不存在什么“设计”了，只剩下“施工图制作”的工作，但为什么我们要特别强调“施工图设计”呢？因为施工图是真正的“二次深化设计”过程。

由于旅游项目的工程复杂，很多细节和工艺表现不能仅靠几张效果图就能真正实施和落地，而且效果图展示的内容也是有限的。在充满了“艺术元素”的旅游项目上，每一处方案效果图上表达出来的美感，需要施工图设计团队从尺度、材料、工艺、整体对比等角度对设计理念进行一次深加工，然后再运用他们长期的美学经验、理解能力和高超的绘图技巧，重新计算尺寸、把握工艺、确定准确的材料和颜色，自行弥补方案阶段遗漏的层面和死角。优秀的施工图设计团队可以完美、细致地升华设计方案，最终拿出一个尊重于方案甚至超越方案的、能够清晰指导施工和支撑预算的施工图。

施工图本质是对方案的二次深化设计

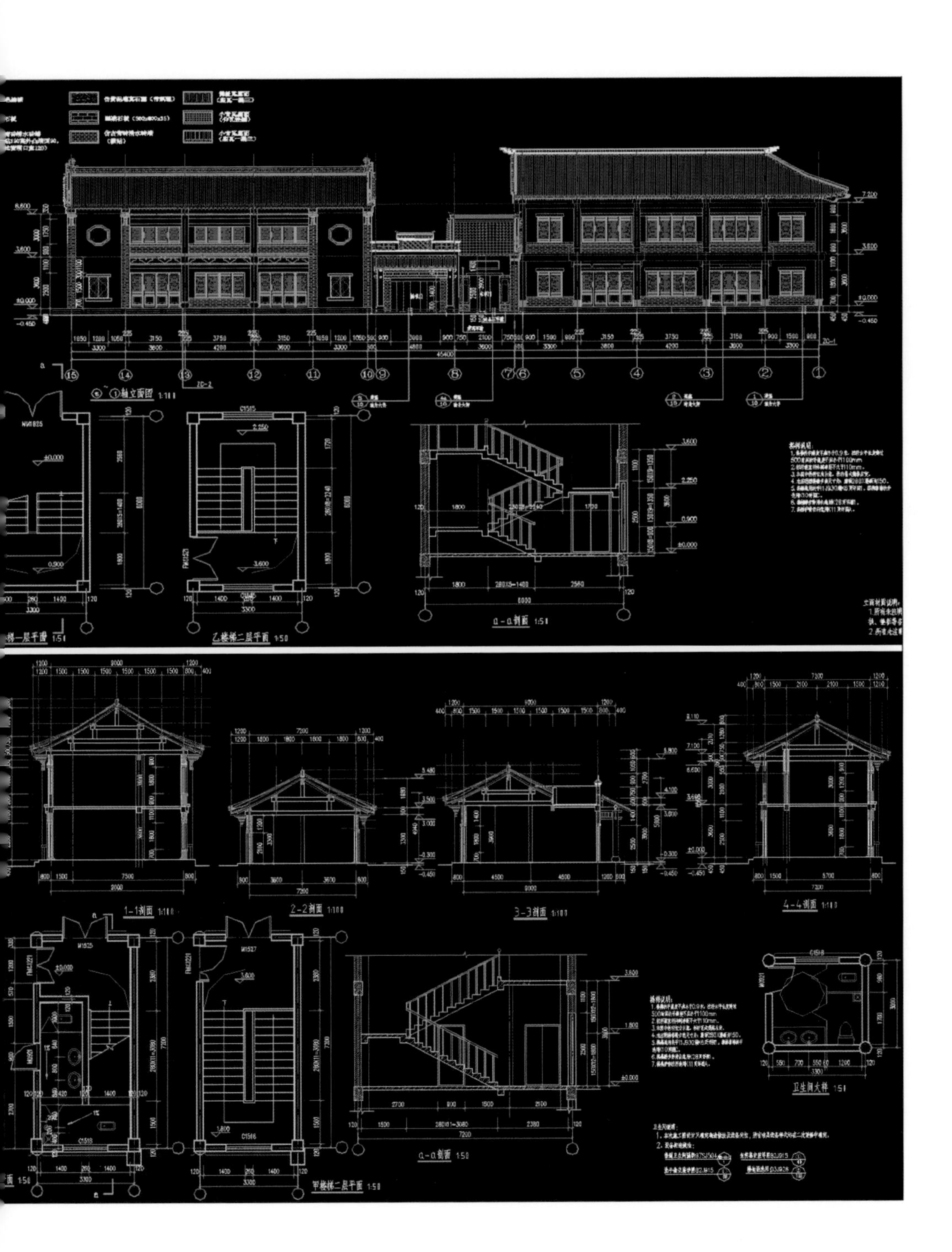
乙楼梯二层平面 1:50
a-a剖面 1:50
1-1剖面 1:100
2-2剖面 1:100
3-3剖面 1:100
4-4剖面 1:100
卫生间大样 1:50
a-a剖面 1:50
甲楼梯二层平面 1:50

服务系统和文化软装系统的设计与施工

作为一个旅游项目，当建筑主体完成之后，并不代表项目建设已经全部完成，从全局的角度来讲，建筑主体的完成只代表完成了整个项目 40% ~ 50% 的工程量，余下的工程量则依赖于服务系统和文化软装系统的设计与施工，这也是体现景区品质高低和游客体验感的重要标志。

旅游项目的综合建设，具体来说，除了建筑之外还有智慧景区建设、泛光照明、室外标识系统、环境雕塑、文化软装饰、重点区域和商业空间的装修七大板块。将七大板块中的每一块单独看待，都是一个系列性、科学性与艺术性兼备的工程，都需要和最初的策划思路相吻合、和第一步的规划设计相吻合，其复杂性和系统性并不小于建筑板块。

（1）智慧景区建设

智慧景区建设是指景区通过智能网络对其管理和服务进行全方位提升，达到系统化、科学化和量化的一种管理方式。它还可以对旅游者的行为、景区基础设施、服务设施进行全方位感知，对游客、景区工作人员实现可视化管理，为旅游管理者提供各种数据和信息，以提高景区的服务质量和管理的准确性。

具体来说，智慧景区需要考虑的内容包括公用电话网、无线通讯网、视频安防的监控系统、人流监控、财务管理系统、智能办公系统、应急广播、指挥调度中心、电子门票、电子门禁、门户网站、电子商务、数字虚拟景区和虚拟旅游、自助导游或手机自助导游、游客互动及投诉联动服务平台、呼叫服务中心、多媒体展示、旅游故事及游戏软件的开发，等等。可以说，“智慧景区”是一个工程量大且系统的旅游辅助工程，没有“智慧景区”建设意识的景区，基本无法适应现在网络信息化的时代了。

① 旅游管理方面的智慧。

智慧景区的管理建设可以使旅游行业的管理方式从传统向现代转变。信息技术的便利，可以及时、准确地掌握游客的活动信息，让监管实现“过程管理和实时管理”。通过与公安、交通、工商、卫生、

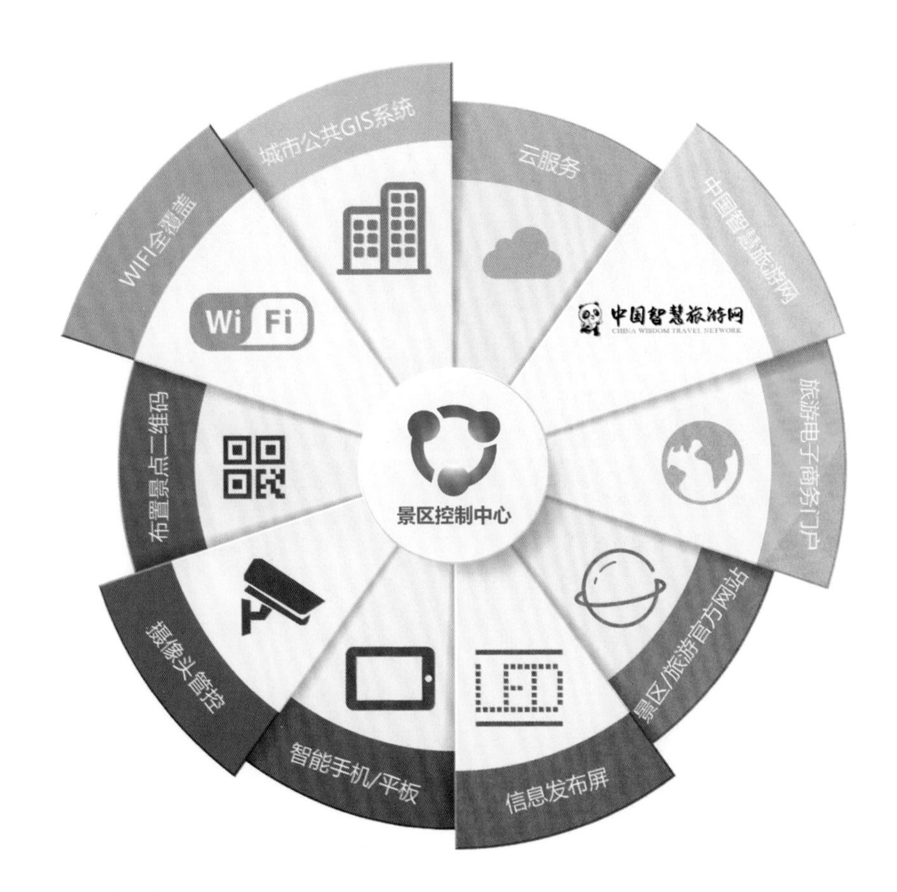

智慧景区的总体架构

质检等部门的联网合作与信息共享，形成旅游预测、预警机制，提高应急管理能力，大大提高旅游管理的效率和质量。

② 旅游服务方面的智慧。

从最大限度的方便、关怀和服务于游客出发，通过科学和系统的信息技术网络化建设，让游客从跨入景区开始，就能感受到高标准和便捷的被服务体验。这套旅游服务的网络科技体系，建立在物联网、云计算、互联网、第三方移动工具、定位导航和监控技术的基础之上，实现景区内所有旅游信息的传递和实时交互。方便我们及时了解游客的需要，提升旅游的舒适度和满意度，带给游客最佳的旅游体验。

③ 旅游营销方面的智慧。

一套完善的智慧旅游系统，会通过对游客的动态监控和数据分析，挖掘出旅游热点和游客的兴奋点，引导旅游企业研发相对应的旅游产品，并制定出对应的营销主题，从而推动旅游产品的创新。智慧旅游通过量化分析和判断营销渠道，筛选效果明显、可以长期合作的方式，还可以充分利用新媒体的传播特性，吸引游客主动参与景区的传播和营销，并通过积累游客数据和旅游产品消费数据，逐步形成自媒体营销平台。

（2）泛光照明

泛光照明是一种让室外建筑或景点在整体环境中更加明亮或夺目的照明体系，为了安全或方便夜间工作（如汽车停车场、货场等），或是突出目标物在夜间的特征，使其更具观赏性。旅游项目中的泛光照明，重点指的是运用各种灯具和灯光的处理手法，对所有建筑物及其构筑物在夜间进行的装饰美化。在具体操作中，泛光照明的设计层面既要考虑灯光的颜色、亮度、色温、照明手法和技巧，也要考虑灯具的选型和样式，最重要的是要从灯光装饰的艺术性、观赏性和美感角度出发，在实用的基础上表现出一定的美学特点和文化含义，这也是旅游项目中的“泛光照明”板块最有难度的地方和核心所在。

以“夜间装饰”为核心的景区泛光照明

（3）室外标识系统

室外标识系统是指按照一定的标准、工艺、造型、色彩等，在特定区域内形成统一化、规范化、整体化，并且具有一定导视功能的室外标牌或其他综合性构筑物的形式体系，最终产生具有解决信息传递、指引路线的功能。旅游景区的标识系统是为了更好地引导游客游览和方便内部管理的导向标识系统，高品质的景区标识系统能给游客带来非常便捷的旅游体验，间接提升整个景区的效益。

旅游景区的标识系统需要根据景区的整体风貌和文化内涵进行创作式设计，这样才具有独特性和针对性，以及更为贴切的文化内涵，与主体建筑或景观共同形成和谐的空间氛围。一般情况下的景区标识系统，包含了 5 个方面的形式：

① 入口处的形象标识牌。

也就是景区大门口为了展示整体形象的标识牌，这种标识牌一般位置较低、体量较大，希望第一眼就能带给游客良好的景区印象。

② 简介、知识的类牌。

这是景区内部景点或节点的介绍类标牌，如一块具有特殊含义的石头、一池蕴含历史传说的水潭，或是一组气势恢宏的特定雕塑等，这类标牌就是专门用来解说节点的，让游客更加深入透彻地了解各个节点的深层次内涵。

不同风格造型的景区标识牌

③ 交通道路类指示牌。

这类标牌一般设在景区内部的道路岔口，或广场等节点的显要位置，目的是为了更好地指引游览路线，让游客清楚自己所处位置和即将要到达的目的地预览路线。这类标牌的指引图片大多采用总平面与布局平面相结合的方式。

④ 各种提示、警示类的标牌。

最常见的就是水边带有“水深危险，请勿靠近”的标牌，或者是草地上 “小草有情、足下留情”的小标牌了。这类提示牌往往体量较小，造型可爱、温馨，走的是“温馨提示”的路线。

⑤ 公共服务类标识牌。

即各种公共服务建筑和设施的标识牌，如卫生间、游客中心、应急入口等。在设计景区标识系统时，除了美学形象和文化表达之外，更要科学规划、布局好各个标牌的位置及摆放方向，以及确定标识牌的数量和尺寸等。另外，还要注意每个标识牌展示区内的平面设计，以及标注文字的不同语种翻译，根据不同的星级标准，不同语种的翻译要求也略有不同。

(4) 景区中的环境雕塑

“环境雕塑”强调与环境的融合共生，是一个旅游景区整体文化的重要组成部分，对景区的美化可以起到画龙点睛的作用，有着其他艺术形式难以替代的独特性。除美化环境、带动氛围外，环境雕塑还可以纪念历史人物，弘扬特定的地域文化精神，潜移默化地对游客起到美学和人文概念的多重熏陶，有些雕塑甚至能成为一种文化符号或旅游吸引力。例如，有些古街区里会设置很多与劳动民俗相关的主题雕塑，如剃头、磨刀、打铁等；以“武林”为主题的景区，会有很多兵器和侠客形象的雕塑；以某个历史事件为主题的景区，直接以气势恢宏的大型雕塑作为自己的旅游卖点，如无锡的灵山大佛、香港的天坛大佛、南海的三面观音等，游客们往往就是为了这些大佛奔赴而去。

不同旅游景区中的雕塑艺术

（5）文化软装饰

入口处氛围营造

节庆装饰

旅游项目的文化软装饰是在建筑装饰和空间装饰的基础上，从游客的视觉、生理、心理、游览习惯等角度出发，综合文化元素、人文元素、地域风情等，将创意设计等理念融入到空间的装饰中，从而打造功能性、娱乐性、观赏性和文化性兼具的旅游综合空间。它可以提高游客的体验感，带动和刺激游客的游览欲和消费欲，让“面子工程”和“经济基础”同步实现，最终可以实现经济效益的持久发展。

一般情况下，一个景区的文化软装饰在位置和手法方面可以从以下几个方面入手：

① 大门入口处的氛围营造。

通常采用具有装饰性的阵列式灯杆或旗杆，外加一些室外摆花或者设置一组装置艺术，以此给游客形成第一个大的“视觉爆点”，营造出热烈的“迎宾”主题。

② 各大节点或广场处的装饰。

通过布艺、彩灯和各种陈设，营造不同空间小主题，突出热闹性和场景化。

③ 景区内部细节装饰。

每栋建筑门头处、每条街道边、每个空间节点运用各种灯具、牌匾、花艺、灯笼、木构架、吊饰等进行装饰和美化，突出每处节点不同的艺术情调与美感，让游客真正感知到“步移景异”的游览感受。

在旅游项目的文化软装饰中，最大的意义就是营造“娱乐”的氛围，所以设计时要注重趣味性、娱乐性，如能再有一些可以和游客互动的参与性，增强旅客的旅游体验，那就再完美不过了。

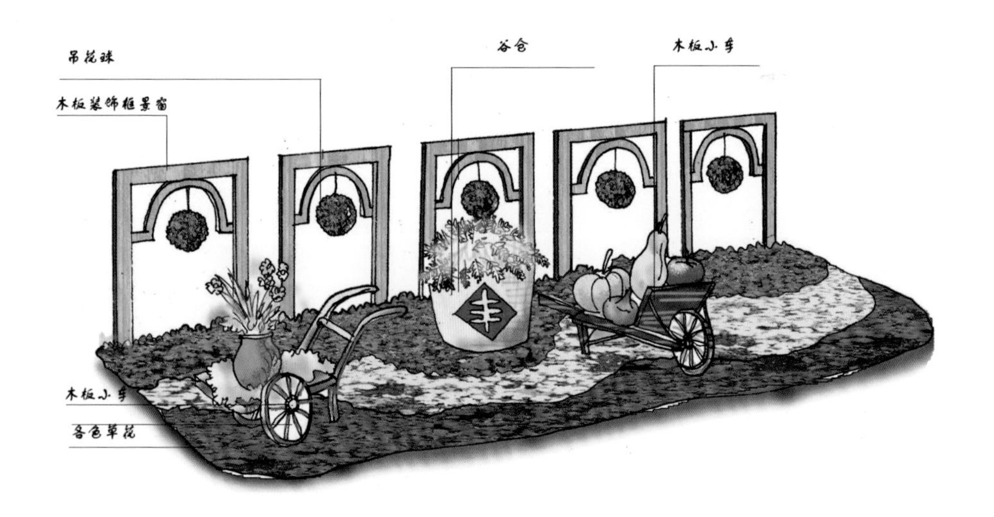

市府广场“五一节”景点布置方案（位于广场中心右侧）

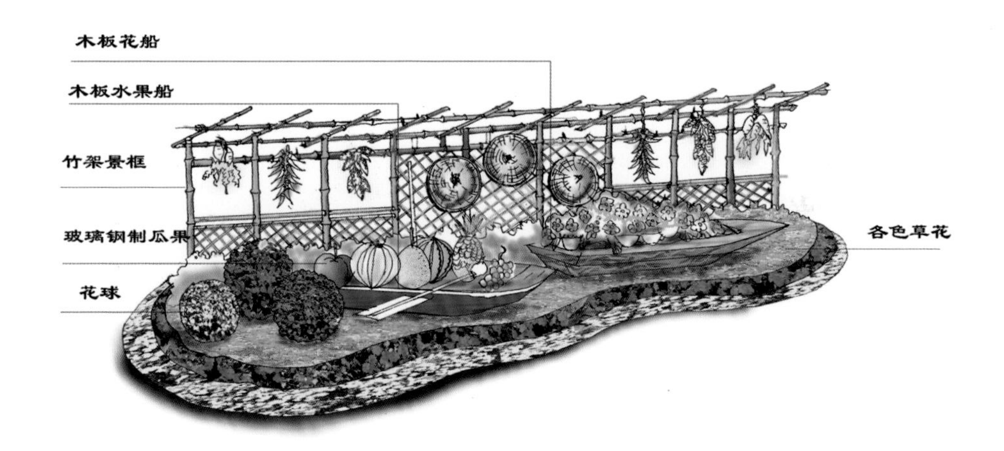

市府广场“五一节”景点布置方案（位于广场左侧）

不同景点位置的软性装饰

（6）重点区域和商业空间的装修

旅游景区中的室内空间，不同于普通的商业卖场或奢华的星级酒店，它偏重于功能性的塑造和文化感的展示。

① 功能性塑造。

功能性服务主要体现在客服中心等为游客服务的空间中。客服中心必须根据其使用功能划分为不同的区域，一般包括游客接待大厅、景区文化展示区、游客休息区、综合售票处、咨询投诉、导游服务处、旅游纪念品售卖区、医务室、广播室、物品寄存室、雨伞和手机充电及残疾人服务等小型成本下的免费服务功能区。其次就是卫生间了，在现今旅游景区的级别评定时，非常注重的就是卫生间的建设，最好具备齐全几个功能区域，如集散前厅、游客休息处、母婴室、第三卫生间、工作人员值班室、清扫间、或大或小的景观展示区等。由此可见，旅游景区的室内设计首先是站在服务游客的基础之上和“以人为本”理念下的功能设定。

游客中心的十二大功能构成

② **文化感展示。**

说到旅游景区中室内空间的文化表现，首先，其装修风格一定是和整个景区的主题相呼应的，有些优秀人文类景区客服中心的装修，从空间上看像是酒店大堂，从风格上看又好似茶馆书院，从功能布局上则像井井有条的医院大厅，既不奢华也不简陋、将“文化”和“品味”很好地表现了出来，如乌镇、九寨沟、西安沣东新城的诗经里、重庆的两江影视基地等景区就是如此。另外，每个商铺的室内装修也是景区品质的体现，应该由专门的人员和机构进行监督和品鉴。核心业态的室内装修，必须有专业的设计师来参与，从方案效果图到施工图再到后来的软性陈列等，都必须由专业人士负责。一个优秀景区的室内空间，每处细节都应该表现和传递该景区的文化内涵和对游客的服务精神，以及景区的发展态度。

乌镇游客中心

诗经里游客中心

三星级公共卫生间

第三卫生室

专业的招商和运营管理团队

项目进展到这个阶段，一般就要开始招商的宣传预热和管理运营的策略制定了。也有一些特殊的项目，是先确定下了几个大型核心业态并以此作为旅游吸引力，而后才开始筹建和建设的，但这样的情况毕竟是少数。结合前期的种种调研分析，确定好业态的种类与分布是招商宣传的前提，业态的具体门类、档次、分布在景区的具体位置、数量等都应该有一个科学的推论和分析过程，从而形成一张清晰的“业态规划图”，项目开发商可以此来“定向招商”。

招商是一个商家选择项目和项目选择商家的“双向”过程，作为管理者应站在长远发展的角度来理性看待。首先，要先入为主地定向招商，学会科学规划和调配业态，更要懂得分辨劣质商家和优质商家。优质的商家能产生一定的正面效应，劣质商家不但经营不好自己，还会连累甚至影响周边的商业。一些大中型的业态，如条件允许，最好能去他们之前的店面或基地考察了解，因为大型业态的失败对一个景区的良性发展起到的破坏和拖累作用是非常巨大的。

景区的运营管理思路应该是在项目开始启动阶段就要考虑的，在即将完成建设、开始试运营的阶段前夕，运营思路应该更加明晰化、系统化，特别是随着商业业态的确立和定位，如何经营这些业态、如何管理游客、如何推广和发展景区等问题，均应提上议事日程，组建专门的运营部门来运作此事。一个好的景区，前期的策划建设是关键之一，后面的运营管理也是关键，其真正核心在于“在维持好景区正常秩序的基础上，更大限度地再次提升景区的整体品质并扩大景区知名度”。

“A”级景区创建下的细节深化

我国旅游景区的质量等级一共划分为 5 个等级，从高到低依次为 AAAAA、AAAA、AAA、AA、A 级旅游景区。“A”的数量多少，是一项衡量景区综合质量的

AAAAA 级景区的最大特点

重要标志。等级的划分不仅仅体现于级别差异，更体现了一个景区的综合竞争力，也是游客选择游览目的地以及景区门票定价的重要衡量依据。

景区创“A”是一项庞大而系统的工程，创建时就应该先清楚自己的创建目标，然后再对照国家的具体要求，逐项对景区的交通、安全、卫生、邮寄快递、智慧网络、导视系统、卫生系统、服务管理和环境保护等几大项目进行对照检查，然后上报相关部门，提前预约验收和评定的时间。

“A” 级创建对任何一个景区来说都具有里程碑式的意义，一方面，能够被动地规范和提升景区的综合质量；另一方面，就是显著提高景区的吸引力、竞争力、扩大景区辐射半径，较大幅度提高景区的市场影响力。此外，还可以吸引社会各界对景区的关注和好评，借此提升景区的知名度和美誉度，为景区以后的“借势发展”提供契机。

（1）交通的通达性

良好的交通条件是满足游客游玩的先决条件，从道路到交通工具都应该朝此方向发展。一般的 A 级景区，至少要有二级或以上的公路能够到达，若景区附近有高速公路、客运码头或是民用机场，那对于游客的吸引力就更大了。

景区外部道路的质量、两侧的标识、绿化、装饰最好也能做到和景区的风貌及层次相呼应，入口外应有与景区整体环境相协调的专用停车场，布局合理，容量能够满足客流需求，且停车场内应有各种规范的指引、提示标志，并根据大小配备一定的便利店和公共卫生间。景区内部的游览道路应规划合理，路面及两侧装饰有一定特色，最好能按照国家“海绵城市”的标注执行。另外，国家在景区内部鼓励使用低排放或清洁能源的交通工具，在此方面，国家也会给予一定的政策优惠和补助。

（2）完善的游览服务体系

服务好游客的游览过程是一个景区综合管理最为重要的环节之一。首先，游客中心位置要合理，一般处在景区的入口附近，规模应适度，各种服务设施和功能齐备。客服中心内供游客阅读和品鉴的各种信息资料（如综合画册、音像制品、导游图等）齐全，内容丰富，且要做到适时更新。所有导游都应持证上岗，并配备相应英、日、韩语及其他少数语种导游，导游的普通话达标率 100%。景区的公共休息设施布局应合理、数量充足，设计独特且符合景区风格。综合标识系统要全面而细致，设计风格与建筑环境相协调。公共信息图形符号的设计应独特，且意思清晰，很多特有、固定的符号必须符合《标志用公共信息图形符号》的规定。

导游服务体系

（3）安全服务系统

一个高品质的景区，首先应配备最基本的消防、防盗、救护设备和系统，即便是 A 级景区也必须设置医务室，至少配备 1～2 名兼职医务人员。针对一些大型事故，应设置突发事件处理预案，事故的处理要及时、妥当，档案记录准确、齐全。

针对景区内的各种交通工具、机电、游览、娱乐等设备应及时检查，确保无安全隐患，经过危险地段要有明显的警示标志，高峰期需有专人看守。消防设施及时检查，灭火器及时更换，消防通道时刻保持畅通，所有和安全相关的细节都应按照有关部门的法规执行。此外，还需配备一定的人力、警力，建立完善的安全保卫制度，做好白天的管理和夜间巡逻。在游客高峰期，各个重要节点的值班人数也得相应增加。

安全服务体系

（4）高标准的卫生条件

根据现在国家针对旅游景区的卫生条件规范，餐饮业态都必须配备消毒设施，现做、现卖的食品不得隔夜。工作人员操作时必须配备口罩和手套，餐饮区须有一定的隔离防灰尘和蚊虫设施，不得使用对环境造成污染的餐具，污水必须去除油分后方能排入市政污水管。所有的厕所必须具备水冲条件，并具有通风设备，厕所内有专人打扫，保持清洁、无污垢、无堵塞。垃圾必须分类、大型景区至少要有 1 ～ 2 个垃圾中转站，垃圾清理必须及时，做到日产日清。

生态公厕

较强文化性的公厕外观

干净的厕所环境

人性化的公厕前厅

生态厕所和星级公厕是景区评星的重要标准之一

（5）齐全的邮电、网络等通信服务

当今社会，手机和网络已经成为人们生活和出行的必备，景区内首先要有良好的通信讯号以及全面覆盖的无线网络。日均人流量过万的景区，须与通信商合作，在景区配备专用的通信讯号塔。虽然游客手机普及，但应急的公用电话还必须配备，具备国际和国内直拨功能，收费合理，且必须有醒目的提示标志。景区还应设立邮政服务处，以满足部分游客所需的邮寄业务。站在“智慧景区”的角度，景区还应该针对游客开发各种手机网页、APP 等，方便游客利用网络自助导游，也可以满足游客在游览时和景区人员的互动联通，为各种手机自媒体和直播打下良好的基础，无形中为景区积攒人气，增加景区的知名度。

（6）秩序良好的购物环境

作为旅游六大要素之一的 “购”，也是旅客颇为关注和在意的。一个好的旅游景区，购物区域首先要做到集中管理，价格公正透明、童叟无欺，无围追兜售、强买强卖、欺诈诱骗的不良现象；其次，就是购物场所的布局应合理得当，购物建筑的造型、色彩、材质与景区环境相协调，商品具有特殊性和地域性，避免到处充斥大众化、廉价的旅游纪念品，最好适度开发一些和景区主题相关的独特旅游商品。另外，对于购物场所的经营人员，也应有统一的管理措施和手段。

（7）安全与科学的经营管理

任何一个“A”级景区在评定时，首先要看的就是景区开发时的正规手续，以及该项目的合法建设与运行，所以，项目开始之初的各种手续和批文必须齐全。景区管理人员结构配备须合理，60% 以上的中高级管理人员应具有大专以上文化程度，上岗人员培训合格率达 100%。各种管理体制健全，具备有效的经营机制、旅游质量、旅游安全、旅游统计等，定期对各项管理工作监督检查，有比较完整的书面记录和总结。此外，还得有健全的投诉制度，投诉处理及时，档案记录基本完整。针对各种突发状况有应急预案，针对各种接待、采访、活动、展览等事务有专门的人员和对接方案。

(8) 较好的环境保护措施

“A”级旅游景区作为人们休闲的高品质目的地，其各项设施、设备应符合国家关于环境保护的要求，不得造成环境污染和其他公害，不得破坏旅游资源和游览气氛。景区区域内的绿化覆盖率应较高，景观与环境美化效果要好，与整体建筑风貌和谐统一。对于资源和环境应有良好的保护措施，能有效预防自然灾害和人为破坏，基本保持自然景观和人文景观的真实和完整性。

(9) 较高的旅游吸引力

作为“A”级旅游景区，必须具有明确且清晰的旅游资源，这种资源具有稀缺性或独特性，能够对人产生巨大吸引，这就是所谓的旅游吸引力。这种吸引力越强烈，就越能带动更多的人来消费，带动景区向更高的级别迈进。有的旅游吸引力是一些珍贵物种或别致景观，有的是具有很强文化价值的历史遗存，还有的是人为打造但具有强烈观赏性和奇趣性的场景或节目，但不管是怎样的旅游吸引力，都应具有特色，在当地有一定美誉度和市场辐射半径。景区开发者针对景区所做的一切努力是为了什么？其实他们的终极目标，就是维护和不断扩大景区的综合吸引力，没有了“吸引力”这个“核心”，景区的发展就失去了维持生命的发动机。

(10)达到额定的游客接待量和较高的游客满意度

一般情况下，一件商品好不好，使用的人多了就肯定有好的理由，同理，一个景区到底有多好，游客接待的数量是最有说服力的，所以，年游客接待量是评定一个景区级别数量非常重要的标准之一。根据《旅游景区质量等级的划分与评定》标准，A级景区海内外游客年接待量需达到3万人（次）以上，游客抽样调查基本满意；AA级景区中，海内外游客年接待总量不低于10万人（次），每年抽样调查的游客意见数量不低于总游客量的1/1000；AAA级景区每年海内外游客接待量须达到30万人（次）以上，游客的抽样调查满意率应达到较高标准；AAAA级景区中，海内外游客年接待总量须达到50万人（次）以上，其中海外游客数量须达到3万人（次）以上，游客抽样调查的满意率应达到高；对于AAAAA级景区的要求则最高，规定海内外游客年接待总量须达到60万人（次）以上，其中海外旅游客须占到5万人（次）以上，游客抽样调查满意率必须很高，且对景区环境、门票价格、景区服务、配套设施等方面也有较高的要求。

不同级别景区对游客接待方面的量化标准

景区级别	年接待游客量	年接待国外游客量	游客抽样调查基本满意率
AAA 国家级旅游景区	30万人（次）以上	—	游客满意率达到较高
AAAA 国家级旅游景区	50万人（次）以上	达到3万人以上	游客满意率达到高
AAAAA 国家级旅游景区	60万人（次）以上	达到5万人以上	游客满意率达到很高

从2015年开始，国家旅游局正式撤销了秦皇岛市山海关景区、长沙市橘子洲旅游区、重庆市神龙峡景区AAAAA级景区的资格，并新增了一批新的AAAAA级景区，这标志着我国开始真正打破景区级别评定的“终身制”。其实，我国从首批AAAAA级景区创建成功，便有降低、取消等级的“能进能出”机制，此次对不达标景区的处罚，再次表明了国家旅游管理层对景区质量建设的重视，也标志着中国的旅游行业正式从数量竞争走向质量竞争。它给所有旅游从业者特别是项目管理层敲响了警钟，只有时刻牢记各种严苛的景观综合管理与服务标准，才能保证景区综合品质的沉淀和长远发展。

山海关景区

橘子洲旅游区

神农峡景区

2015年撤销的AAAAA级景区

三河古镇

天台山景区

金丝峡景区

2015年新增的AAAAA级景区

“能进能出”的AAAAA级景区

第四章

★ ★ ★ ★ ★

成功案例解析

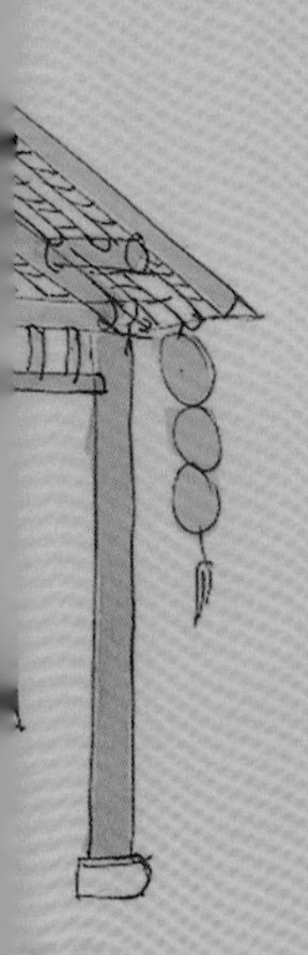

一、袁家村——关中印象体验地

项目地址：陕西省咸阳市

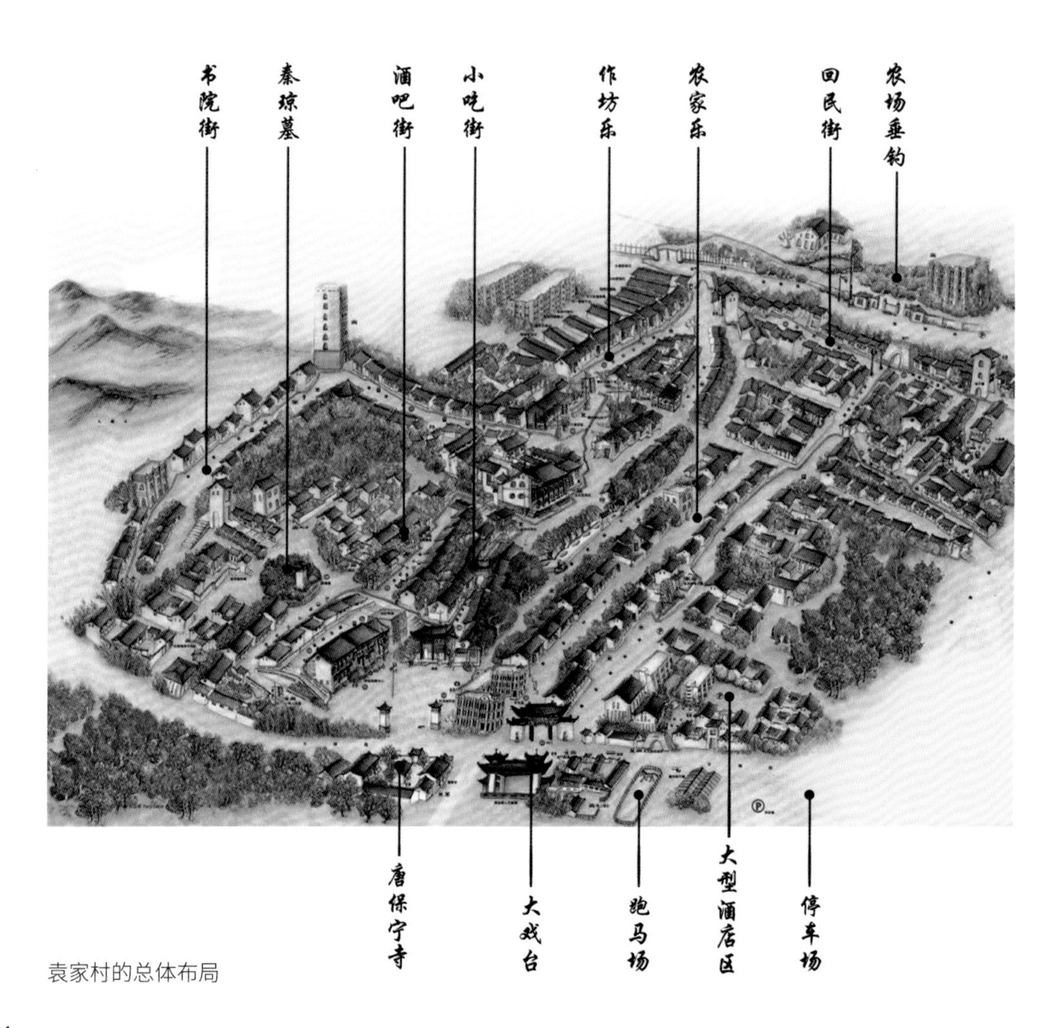

袁家村的总体布局

1. 基本概况

袁家村位于陕西关中平原腹地的中部偏北侧，处在西咸新区半小时经济圈范围内，朝北 1km 处是唐太宗李世民的昭陵，向西 40km 是一代女皇武则天与其丈夫唐高宗李治的合葬墓乾陵，往南有茂陵，往东则毗邻第一秦都——咸阳。

袁家村处在一个充满着历史底蕴但几乎没有什么自然资源的贫瘠土地上，村人经过多年黄土之上的抗争和打拼，现已形成以昭陵、昭陵博物馆、袁家村、唐肃宗建陵石刻等历史文化遗迹为核心的点、线、带、圈为一体的旅游构架。

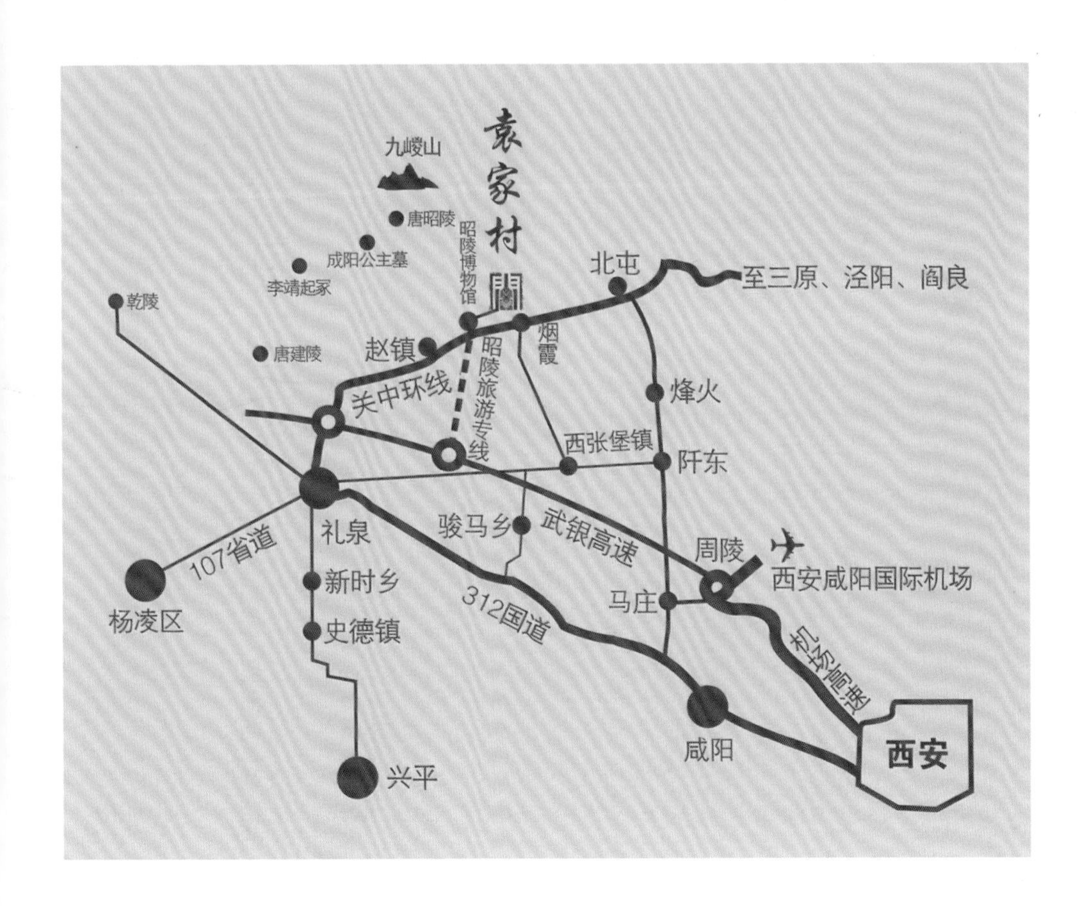

袁家村的地理位置

2. 袁家村“关中印象体验地”的诞生和崛起

2005 年左右，伴随着国家经济的快速提升，袁家村人在市场经济的大潮中，敏锐地嗅到了“旅游”的契机，但随之问题也来了，这时的袁家村仍旧是一个地地道道的关中地区自然村，没有任何旅游资源，虽说唐昭陵就在他们背后，但他们深知自己的农民角色，宏大的帝王文化和自己并没什么关系。经过多方思考和比较，村民们觉得要做就做自己，应该把地地道道的关中农村生活做成文化，做成旅游的亮点，于是他们开创了一条“民俗旅游”的道路。

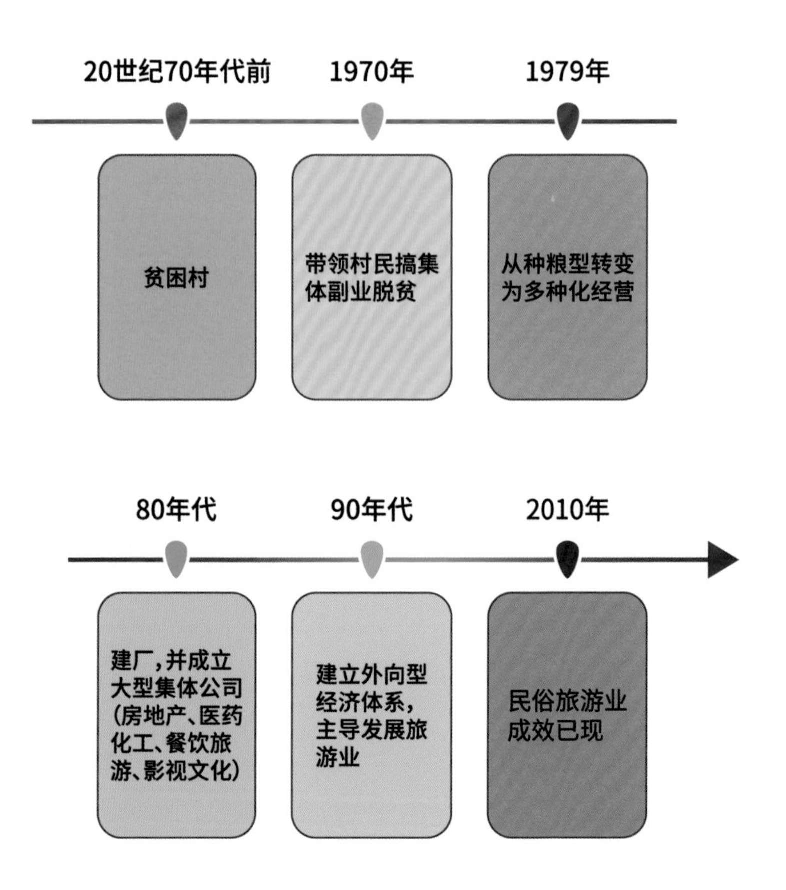

袁家村的发展历程

为了实现“民俗旅游”的目标，村民们决定首先打造出一条“关中民俗风情街”。他们按照对旧社会关中农村的记忆，用老砖旧瓦砌筑起了一条百余米长、宽窄不一、看似破旧但又别具韵味的“关中老街”，想借此为载体来吸引游客。当时由于位置偏远，没有任何知名度，根本没有人愿意来此，于是村委会所有成员分片包干，到附近的村镇去寻找最地道的小吃品种、挖掘最地道的民间厨师、挑选最地道的本土原料，形成“以小吃为主的关中美食”来填充业态。可问题又来了，由于缺

袁家村第一条“关中老街”

体验浓郁关中风情

乏游客，做出的东西卖不出去！于是村委会又决定，让民间厨师只管工作，村里给其发工资，做出来的东西首先在整个民俗街流通，街区的店家只能使用当地生产的产品，多出的则发给村民，或者送给西安乃至陕西省相关部门和企业，这种状态袁家村一直坚持了 7 年。在这 7 年里，他们未曾向商户收取过任何房屋租赁或扣点提成，因为他们坚信，只要把景区管理好、提升好景区的品质、服务好景区的商户，把人气引进来了，商业氛围做起来了，投资成本就一定会回收回来。

最终，袁家村凭借着特色的街区风貌和地道的关中小吃，知名度开始慢慢发酵打响，时至今日，袁家村的日均人流量已达到万人有余，国庆、春节等节假日客流量最高可达到 20 万人（次），仅餐饮业一项的日营业额就超过 200 万元。如今，袁家村正朝着环保、绿色、生态的可持续发展观念转变，村委会正带领全体村民，以民俗旅游业为核心，整合周边各种资源，立足本村、面向全国，创建真正以依托民俗为基础的综合性旅游大景区。

3. 成功的五大要素

（1）内在的拼搏与探索精神 + 外在的机遇与政策

① 内在拼搏与探索精神。

袁家村的崛起和其骨子里的奋斗基因是分不开的，在“关中民俗印象体验地”的发展目标确立之初，大部分群众信心不足，基本都持观望的态度。村党支部为打消村民疑虑，先后组织 60 余名群众代表赴山西平遥古城、云南丽江古城等地参观考察，获取成功经验，最终带动起了袁家村民俗旅游和休闲经济的发展壮大。

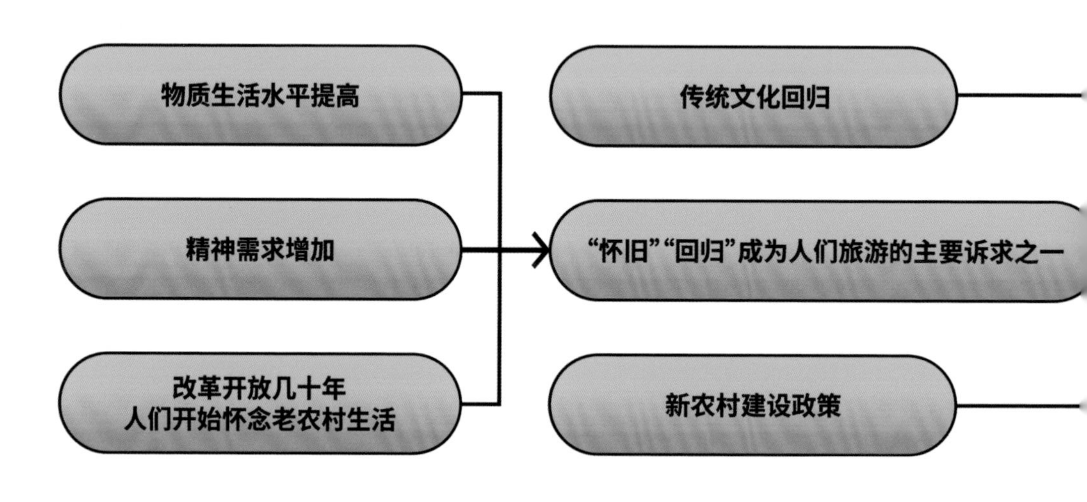

袁家村崛起的各方原因

② **外在机遇与政策的扶持。**

历史机遇也是成就袁家村的一个重要条件，我国经济的快速提升给人们的近郊旅游提供了支持，新农村建设政策也给袁家村崛起提供了很大的帮助。另外，在袁家村发展的初期，当地政府从政策、经济和基础设施建设上都给予了非常大的扶持，这些都是袁家村发展历程中不可忽略的要素。

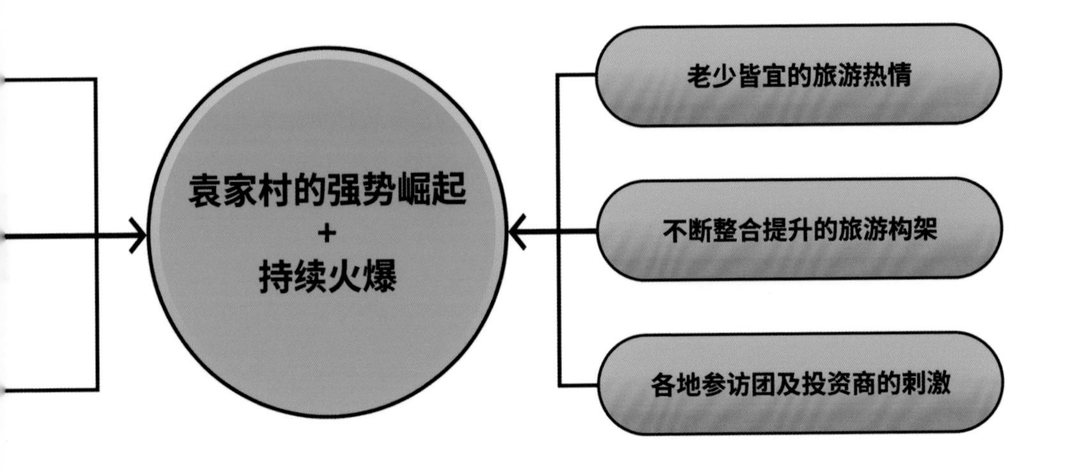

(2)“关中民俗”主题的精准定位

袁家村很好地将各种“老农村记忆”提炼并展现了出来

随着物质生活水平的提高，人们对精神层面的需求也愈加迫切。中国走过了几十年的改革开放时期，满目的“现代化”让人们开始怀念起了过去俭朴、纯真的农村生活。特别是20世纪70年代以前出生的民众，在他们的记忆中，旧时农村的淳朴生活是美好而且生动的。他们怀念这样的生活，怀念当时老农村的房子、农业用具、劳作方式以及所有的生活场景。他们急需这样的场景还原，压抑多年的情感需要抒发，骨子里的“农村情结”急需找到释放的出口。袁家村的“关中民俗旅游”模式一经出现，便立即引起大家精神上的共鸣。这样的模式既符合了时代经济的发展，也符合人们内心追求的“怀旧与回归”心理。

袁家村的民俗旅游主要从关中小吃、老农村的建筑及场景布局、民俗劳作的情景体验、民俗器物的展示等几方面体现出来。这种构架无所谓“雅”或者“俗”，但非常生动、接地气，适合全家老少一同体验，即满足了老年人的怀旧情结，同时也很好地教育和引导了儿童，活脱脱一种“穿越”式的旅游体验。典型的北方老农村赶集的场景，让全家老少都吃好了、玩好了，心理上满足了，自然一传十、十传

百地让袁家村聚集了越来越多的人气。归根到底，袁家村“关中民俗”的主题定位是异常精准的，它顺应了天时和地利、戳中了市场、勾起了人们心中的渴望，不强求、不做作、真实纯朴，自然吸引到人们前来探寻和体验。

(3) 品种丰富、口味地道的民俗小吃

袁家村小吃街商铺的数量有限，在“一店一品”的前提下，一些热门的小吃（如锅盔、豆腐脑、油炸麻花等）业态，会有好多商家同时抢占。为公平起见，村委会定期组织现场制作评比，最终把口味最为地道的商家留下。同时，为丰富业态，他们会主动跑到邻县寻找口碑较好的小吃，通过诚意和优惠条件将其引入。直到现在，袁家村每个月都要统计小吃销量的后五名，先调整这些商户的产品质量和经营方式，实在调整不过来就更换商家或者产品。

现在，袁家村的很多明星小吃（如粉汤羊血、油炸麻花、老酸奶、农家菜籽

粉汤羊血

油炸麻花

豆腐脑

蜜枣甑糕

口味地道的各种民俗小吃

油等），每年都在创造着几百万甚至更多的纯利润，为了应对供不应求的市场，有的商家还专门在外面开设了自己的食品加工厂。

袁家村对于小吃的态度是极度苛刻和追求完美的，他们本着数量最全、口味最好、品质最佳、卫生安全最放心的“四最”原则，就是要让全社会都知道，吃他们的东西绝对放心、绝对安心。

老酸奶

醪糟

一口香

搅团

牛肉饼

礼泉烙面

（4）灵活创新、因地制宜的管理体系

袁家村管理体制的最大特色就是创新和因地制宜，完全没有墨守成规。

① 不收门票，免费开放。

这与很多景区收取昂贵的门票形成了强烈反差，极大地满足和迎合了游客们喜欢“免费”的心理需求。游客在袁家村可以一年四季随时进出，自由停留，可以免费参观袁家村村史馆、观看民俗街的各种民俗表演，形成了边逛、边看、边吃、边体验的轻松旅游方式。

② 自创“社群型组织管理模式”。

这种模式的最大特点就是结合本村集体经济的模式，让商户分组自治。村委会将商户按照经营种类、地理位置分成若干组，每组设立经营组长，由组长负责统一管理卫生、产品质量，并设立动态打分和严格的淘汰机制，以此让所有商户时刻保持竞争压力。

③ 招商运营管理模式。

运营采用了免除租金、统一经营的管理模式，这种模式可以在前期最大让利于商户，提高大家创优、创精的积极性和决心。

④ 所有食品原料统一供货。

袁家村自营了加工厂、调味品厂、酸奶厂、油厂、面粉厂，这样既能够保证餐饮原料的质量，也可以增加集体收益。他们对细节的要求是极为严格的，例如在所有餐饮店铺中，不允许使用冰箱，这样可以保证食材的新鲜，而所有油炸食品的油绝不能放到第二天继续使用。

一位旅游业界资深人士曾这样说过，“中国游客不缺钱，缺的是一份放心；旅游景点不缺好东西，缺的是一份信誉。”对产品的质量和安全卫生标准是所有袁家村人自上而下的极致追求。他们为了让游客更加明白和放心，用质朴的方式进行着“发誓承诺”，即将誓言刻画于木板挂在墙上，以此传递出自己的经营态度，彻底解决了游客“不安心、不放心”的行业痛点，切实赢得了游客的信任，也赢得了游客的青睐。

村民关于产品质量的“发誓式承诺”

（5）氛围强烈、建设到位、场景化突出的乡村建筑和景观风貌

① 街区规划。

对于“眼球经济”的打造，袁家村是做得非常到位的。其整体街区规划是一个“自然生长”的民俗村落综合体，农家乐一条街就是由原始自然村的街道改造的，现今已形成错落有致、整体清晰而局部灵活的“原生态”农村风貌。

② 建筑风格。

袁家村的建筑风格属于典型的关中中西部地区的民俗建筑，最大的特点之一就是没有像普通仿古商业街那样堆砌出一片“假古董”式的建筑群。袁家村人对待建筑的态度也如同对待饮食的品质一样苛刻，他们会不计成本去各地收购老旧的、纯正的手工青砖和青瓦，采用真正的木料和地道的工艺手法，以“工匠精神”建造出一栋栋造型各异且别具韵味的民俗古建筑群。

袁家村所有的建筑材料都按照古法工艺按部就班地添加上去，很多青砖都是经过长久打磨才得以使用。对于达不到效果及要求的建筑，宁愿拆掉重建（听说曾经出现过一座房子改了又拆、拆了再盖这样返工五次的情况），所有盖好的房子还必须要有三遍“泥浆喷洒”的做旧过程，目的就是要让建筑成为精品，也成为“袁

袁家村从外地收购回来的老祠堂

土炕　老井　狗窝

老马车　车轮　大水缸　老木柜

磨盘　牛鞍　马灯　播种犁　大木叉

袁家村巧妙地让各种“民俗老物件”变成了自己本村的景物装饰

家特色”的代表符号。除此之外，他们还不惜成本从山西等地收购一些成品的古建筑回来，这些古建筑在搬迁时，每一个构建都有明确的编号，运送回来之后，工人按照编号在袁家村原样修复，这是对老建筑的尊重，也是袁家村人为自己村落添彩加瓦态度的表现。

③ 园林景观、室内装饰。

除了在建筑营造方面异常考究之外，袁家村人在室内装修、街区景观上也极度用心。国槐是最能代表关中人的人文情怀的，他们便在街道上移栽了很多粗壮、沧桑的品种；各种旧时农具被用心地吊挂或摆放在建筑室内外；幡旗必须用传统老粗

驴拉磨

木犁

老门板

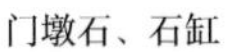

门墩石、石缸

斗

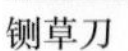

老布瓦

铡草刀

大铁锅

爆米花机

织布机

布手工缝制而成，不能采用品质低劣的喷绘布直接喷绘；所有小吃操作的灶台，由专人监督设计与施工，每一处细节都必须确保质量。

室内装修方面，袁家村人也别具用心，他们运用老门板、老马车的木头轮子、竹席、青砖、麻绳等元素，采用“解构和混搭”的手法，巧妙地让这些看似平实的东西重新组合在一起，从而散发出一种别样的、奇妙的艺术美感。

放眼整个袁家村的建筑，高低错落、韵味生动，街区古意盎然，但又气象万千，每一处细节都值得视线停留，仿佛文艺片里的穿越场景。其他暂且不说，光是这些外在的形象就已将人心深深地俘获了。

细腻、文艺的室内装饰

趣味、生动的景观小品

大胆、文艺的门头装饰

各类建筑细节

品质真实的传统民俗建筑

4. 存在的不足

（1）基础设施和环境卫生有待进一步提高

由于某些细节管理不到位，一些角落的环境卫生和景观提升有待进一步治理，村中的街道、停车场建设及辅助功能都需要改进，供游客洗手使用的给排水系统也有待进一步规划和建设。客观事实告诉我们，高品质的景区是没有死角的，对细节的关注是一个高品质景区最基本的要求。

（2）民俗体验场所和活动有待加强

既然确定了“关中印象体验地”的特质，欲将关中民俗体验作为袁家村最大的文化特色，但就游客的体验感来说，各种类型的商业街里多是一些驴拉磨、秋千、农业器具的展示，且都是在商业使用和收费的前提下进行，或多或少会影响了游玩的乐趣和兴致。而杭州宋城里面的商业和免费的文化展示（如皮影、宋代乐舞、提线木偶等），它们相互错落、相互融合，民俗表演均有意识地安插布局在游览线路上，而且南宋风格的场景中还有定时的免费表演小剧目，以及很多与南宋相关的业态及体验小空间等。这些方面的成功经验，均值得袁家村借鉴和参考，建议以游客看得见、摸得着的软文化来提升硬件和品质。

布袋木偶

酒坊

街头演艺

府衙

动态版清明上河图

怪街

宋城里的各种免费文化体验

（3）后续引进的业态应该科学整合，形成有机整体

随着袁家村的发展，包罗的业态越来越多，但整体还是体现出一种“农村集市”的大杂烩状态，如“直升机飞行体验”的业态和“关中印象体验地”的主题丝毫不搭；餐饮性质的业态占据稍多，除去最初开发的小吃街之外，其他地方的餐饮业态收益并不理想；与外界开发商合作的“关中古镇”街区，空置率也较高；曾经满怀期待的“集装箱新潮街区”也由于多方原因缺乏游客的光顾，最终成为一种陈设。种种尝试与实践表明，科学的业态规划与布局才是持久的生命力，盲目开发不能起到促进和提升整体的作用，反而会变相拉低整体档次。建议所有的业态均围绕着“关中印象体验地”的主题理念进行，挑选业态、培育业态、整合业态，使各业态之间相互促进、相互弥补、共同发展，满足游客全方位的游览需求。

（4）与周边景点的联动性不足

袁家村地处省会西安市的西北方向，乃“乾卦”之方位，其周边有昭陵、甘泉湖、茂陵、乾陵等大型景区。但我们发现，西安市各大旅行社的线路规划中，并没有将袁家村列在西安西线游的序列当中，导致很多旅行团只能从袁家村旁边擦肩而过。这些巨量、潜在的游客未能惠及于此，不得不说是袁家村旅游发展的一个重大损失。

5. 袁家村带给我们的启示

（1）坚持因地制宜，以游客的反应为导向

旅游小镇的决策与发展一定要因地制宜，坚持以市场为导向。对于这个需要依靠实体支撑的第三产业，任何理论和思路都需要落地，需要表现在具体的形态建设上，游客的认可度才是检验一切的唯一标准。

(2) 好东西是“打磨”出来的

任何旅游小镇的发展壮大都需要一个过程，包括时间的沉淀、经验的积累和反复打磨的时段。运用催化剂催大的各种禽类动物口味不佳，而“赶”出来的景区，必定消失得也快。近几年，如雨后春笋般催生出来的景点（注：仅西安周边就有近 70 个模仿袁家村的项目）大部分已经倒闭或即将倒闭。这种只会简单模仿而不注重实际品质的项目，注定会被市场无情淘汰。

(3) 创新才有特色，个性就是生命力

很多项目不懂得创新的含义，只会简单、粗暴地抄袭别人的成功模式，殊不知“千人千面”，最终大部分项目均以失败而告终。创新需要巧劲、需要灵活的思维、需要大胆的战略式眼光，直到现在，很多项目的操盘手还把花费巨资兴建“高大上”的地标式建筑当成创新的一个主要手法。其实，创新并不代表花费一定就多，例如银川镇北堡影视基地，其最大的创新点就是“出卖荒凉”，用最不值钱的黄土、腐朽的烂木料、破旧不堪的古代遗留器物，打造出了一个震撼、苍凉的场景，再通过媒体和影视剧的自行发酵，成长成为“最破烂的 AAAAA 级景区”。所以，旅游小镇的创意和运营一定要紧抓“特色”二字，即使遇到诸多质疑，但只要相信自己的“特色”是游客喜欢的，就足够了。

(4) 灵魂人物赋予项目灵魂

以成功旅游小镇为例，银川镇北堡影视基地的灵魂人物是著名作家张贤亮先生，他是影视基地的创始人。他从一开始就坚定地认为这里的荒凉可以出卖，因为这些东西正在或已经消失，世人一定会感知其珍贵和不易，但是单纯的荒

凉很难拥有久远的生命力，荒凉必须和历史文化及其他各种艺术元素相结合，才能够成为艺术品。乌镇的灵魂人物是陈向宏，他的个性和态度在项目中体现得非常明显，其核心思想是“做旅游就是做入世和出世，入世要生活化，出世要理想化”，基于这种大格局下的辩证思维，乌镇才成为中国古镇旅游行业的标杆。袁家村的灵魂人物是郭占武，很多项目的运行都反映出其个性。袁家村一路走来，很多决策的执行和行动的组织安排，实际上就是郭占武领导大家执行的结果。

可以说，一个灵魂性的人物其实就是项目的“总导演”，人物赋予项目以灵魂和个性化的气质。综观全局，有了灵魂人物的悉心把控，项目的综合及细节水准才能够提高，才能够可持续地发展下去。

乌镇

个性鲜明且自带灵魂的乌镇、镇北堡影视基地、袁家村

镇北堡影视基地

袁家村

二、白鹿原·白鹿仓

项目地址：陕西省西安市

总设计师：王金涛

1. 基本概况

白鹿原•白鹿仓项目位于古城西安东郊著名的白鹿原上，景区毗邻西安樱桃谷生态旅游区、鲸鱼沟风景区，距离市区直线距离仅 6 km，区位优势得天独厚。项目按照国家 AAAAA 级景区的标准规划、设计、建设和运营，以“基于民俗旅游的综合性高品质景区”的理念来打造，致力于开创民俗旅游文化的新纪元。项目一期由“一仓三营”组成，一仓指的是小镇的主体“白鹿仓”，三营指的是航空飞行营地、温泉房车营地、运动体验营地。白鹿原·白鹿仓作为一个民营企业下自筹自建的旅游特色小镇，成立以来已斩获多项殊荣，取得的成就有目共睹。

温泉房车营地

白鹿原·白鹿仓的“一仓三营”

白鹿仓

航空飞行营地

运动体验营地

2.《白鹿原》小说背景下的项目定位及构成

陈忠实先生的小说《白鹿原》诞生于 1992 年，共计 50 余万字，历时 6 年完成。该小说以陕西关中地区白鹿原上的白鹿村为时代缩影，以讲述白姓和鹿姓两大家族祖孙三代的恩怨情仇为导线，表现了从清朝末年到 20 世纪七八十年代长达半个多世纪的中国政治和民生的变化。该小说于 1997 年获得中国第四届茅盾文学奖后，相继被改编成同名话剧、舞剧、秦腔等多种艺术形式。以白鹿原小说为蓝本的同名电影和电视剧也分别于 2012 年和 2017 年上映，均在社会上引起强烈反响，获得社会各界一致好评。

白鹿仓作为处在白鹿原上的文旅项目，其文化基石就是陈忠实先生的小说《白鹿原》。开发者经过全局的考虑和论证发现，整个项目若仅仅只围绕《白鹿原》小说“做文章”，难免会有些单一，不足以支撑一个中大型景区，所以最终白鹿原·白鹿仓的定位是“一个基于白鹿原历史文化下的、民俗性质的综合性旅游景区”。在这样的前提下，才确立了项目具体的四大构成——白鹿仓、航空飞行营地、温泉房车营地和运动体验营地，同时还包含了儿童游乐场、大型 VR 影院、国际大马戏等具有超强吸引力的时尚科技业态。此外，该景区还与专业的旅游策划团队合作，共同确定了针对项目总体的合理体量、数量、风格及大致的业态规划，其中民俗小吃占 40%、文化体验性业态占 20%、公共服务类业态占 10%、住宿类业态占 10%、VR 或游乐等新潮时尚业态占 20%。

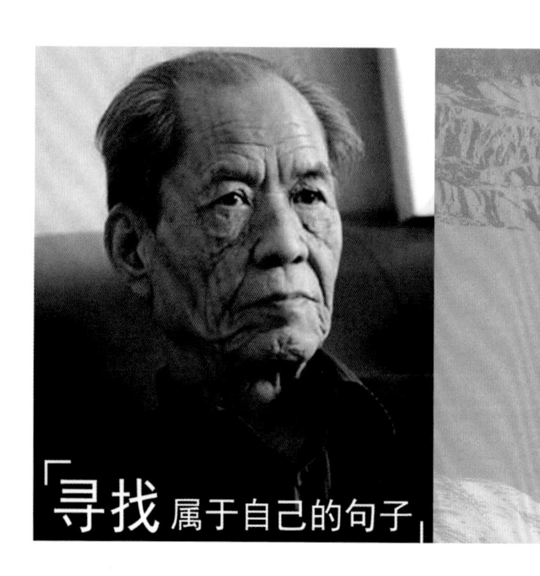

陈忠实先生
和他的小说《白鹿原》

3. 项目的命名

一个项目或品牌的命名是一件非常重要的事情，曾有专门的调研机构对商业项目的名称进行过分析，发现名称的好坏在一个项目的成败中占据了 20% ～ 30% 的比重。作为旅游开发项目的命名，第一个首要解决的问题，就是要让潜在游客通过名称直观地对项目产生兴趣，也就是商业中经常谈到的解决品牌名称传播力的问题。不管我们给产品取了一个什么名字，最重要的就是要能最大限度地让品牌传播出去，能够让人们记得住。

其次，旅游项目的命名要生动，符合游客休闲放松的心理诉求，比如“迪士尼乐园”“长隆欢乐世界”等，这些项目的名称突出了玩乐的主题，属于典型的引导家长带上孩子来一同游玩的游乐项目，非常能够调动起孩子们的兴趣。

再次，旅游项目的命名要能体现出自己的主要内容或性质，大多数的自然风景类和人文纪念性景区（如华山、龙潭大峡谷、武侯府、中山陵等）都是按照常规手法来命名的，这种命名虽然没有什么特色，但直白易懂，游客一听就知道景区的特色和性质，就可以根据自己的喜好来判断是否可以参观。

2008.11(上)　法制与社会　‖城乡建设‖

乡约的演变：民国乡村的基层行政与社会控制

——以《白鹿原》及关中地区为中心的考察

孟文科　陈慧英

西安工业大学人文学院；陕西师范大学政治经济学院；

一、“乡约”成了官名：关中基层行政机构的建立

《白鹿原》里对民国时期关中乡村地方政权的重建与扩张有着精炼的描述：皇帝在位时的行政机构齐茬儿废除了，县令改为县长；县下设仓，仓下设保障所，仓里的官员称总乡约，保障所的官员叫乡约。白鹿仓原是清廷设在白鹿原上的一个仓库，……只设一个仓正的官员，负责丰年征粮和灾年发放赈济，再不管任何事情。现在白鹿仓变成了行使革命权力的行政机构，已不可与过去的白鹿仓同日而语了。保障所更是新添的最低一级行政机构，辖管十个左右的大小村庄。

出自蓝田县志 33、34 页

第二节　清代区划

清初分 4 乡统 16 里。即：南曰安民乡，统市北里、东曰玉山乡，统青候、留庆、侯村、东骊阳 5 里，北曰故城乡，领里峪、吴留、亓张、岳坊、故京 5 里，西曰白鹿乡，领香姚、樊王、黄甫、翟马、焦吴 5 里，后又增加明德、兴化、新民、至善四里统归安民乡，共 20 里。

民国时期区划

民国 2 年(1913)，撤销咸宁县，将其并入长安县，将清代县下各社改为仓，

出自西安市志 238 页

会德、润渭、陂阳、永丰 4 乡，乡辖 40 里；
蓝田县有安民、玉山、故城、白鹿 4 乡，

中华民国时期(1912～1949)，1913 年 2 月撤销咸宁县，将其辖地并入长安县，将清代县下各社改为仓、仓设乡约、坊设地保、村设地方。民国时期灞桥地区一直属长安县管辖。

晚清时期有关“白鹿官仓”的记载

总的来说，旅游项目的命名没有严格或死板的规矩，具体情况不一样，市场、营销模式不一样，项目投资方的主观意愿也有所不同，都会对项目的命名产生很大的影响，具体情况需要具体对待。

说到白鹿原·白鹿仓项目的命名，有一个小小的往复过程，该项目在筹备初期就有专家给其命名为“白鹿原古寨”，考虑到该名有些直白，且与陕西省内及周边很多古镇名称太过雷同，经过多方筛选比较，最终得出了“白鹿仓”三个字。

小贴士

白鹿仓名称的来由：

★晚清时期白鹿原上有一个官式粮仓叫白鹿仓，民国政府初期，将其变为一个比县小但比镇大的行政机构，具有历史出处。

★白鹿仓是陈忠实先生《白鹿原》小说中的行政名称，具有文学出处。

★在晚清到民国初期的过渡阶段，“社”“仓”“敖”这三个行政建制曾在北方地区短暂出现过，所以“仓”在本质上和“镇”“村”一样，都属于标准的行政建制，不存在任何突兀和莫名其妙的成分。

★在《白鹿原》小说中，白鹿仓管辖的范围就是整个白鹿原，所以“白鹿仓”这个名字有统领白鹿原旅游的寓意。

★古代标准的官式粮仓和一个小城一样，有城墙、大门、内部空间，白鹿仓的名字也和项目整体的规划建设是一致的。

★白鹿仓的“仓”具有粮仓的含义，该项目是民俗旅游项目，民俗和农业相关，农业和粮仓相关。

★粮仓是人们储存粮食的大型容器，民以食为本，所以白鹿仓的名字还具有聚集人气与财气的寓意。

★兼顾了《白鹿原》小说的概念并融入了自己的特色，具有一定的新奇性，能够勾起游客的好奇心。

★“仓”具有一定的模糊性和包容性，在项目的板块构成上就可以融入更多的业态，让项目更具可塑性和更多发展空间。

★“仓”在读音上具有往上走的特点，带了一点爆破音，读起来朗朗上口、铿锵有力，易于传播且耐人寻味。

4. 项目的立意与精细板块

在确定了白鹿原·白鹿仓项目是一个“基于白鹿原历史文化下的、民俗性质的综合性旅游景区”之后，我们便朝此大目标而布局出了更加翔实的内容。经过对西安市周边乃至陕西省内外旅游市场的全面分析，结合自身资源和未来可以把控到的旅游资源，最终将整个白鹿仓景区的细节主题划分成了白鹿原古街、丝路风情街、民国街、陕北院子、陕南水街、忠孝广场、酒吧街、儿童乐园、珍禽观光园等十几个不同的精细板块，既落实了历史遗留，也为了让项目可以容纳新时代下的现代业态，满足游客“吃、住、行、游、购、娱”六大方面的需要。

从文化的角度来看，部分小板块都具有一定的历史出处，是古代白鹿原历史文化与现代商业的结合，如“忠孝广场”取自于汉恒帝每年在白鹿原上祭拜其母薄太后的忠孝典故，现在成为了景区的主入口广场，亦是一个人文纪念之地；“灞上军营”取自于汉代大将军狄青驻兵于灞上的典故，现改为室外军事演艺的场所；“上

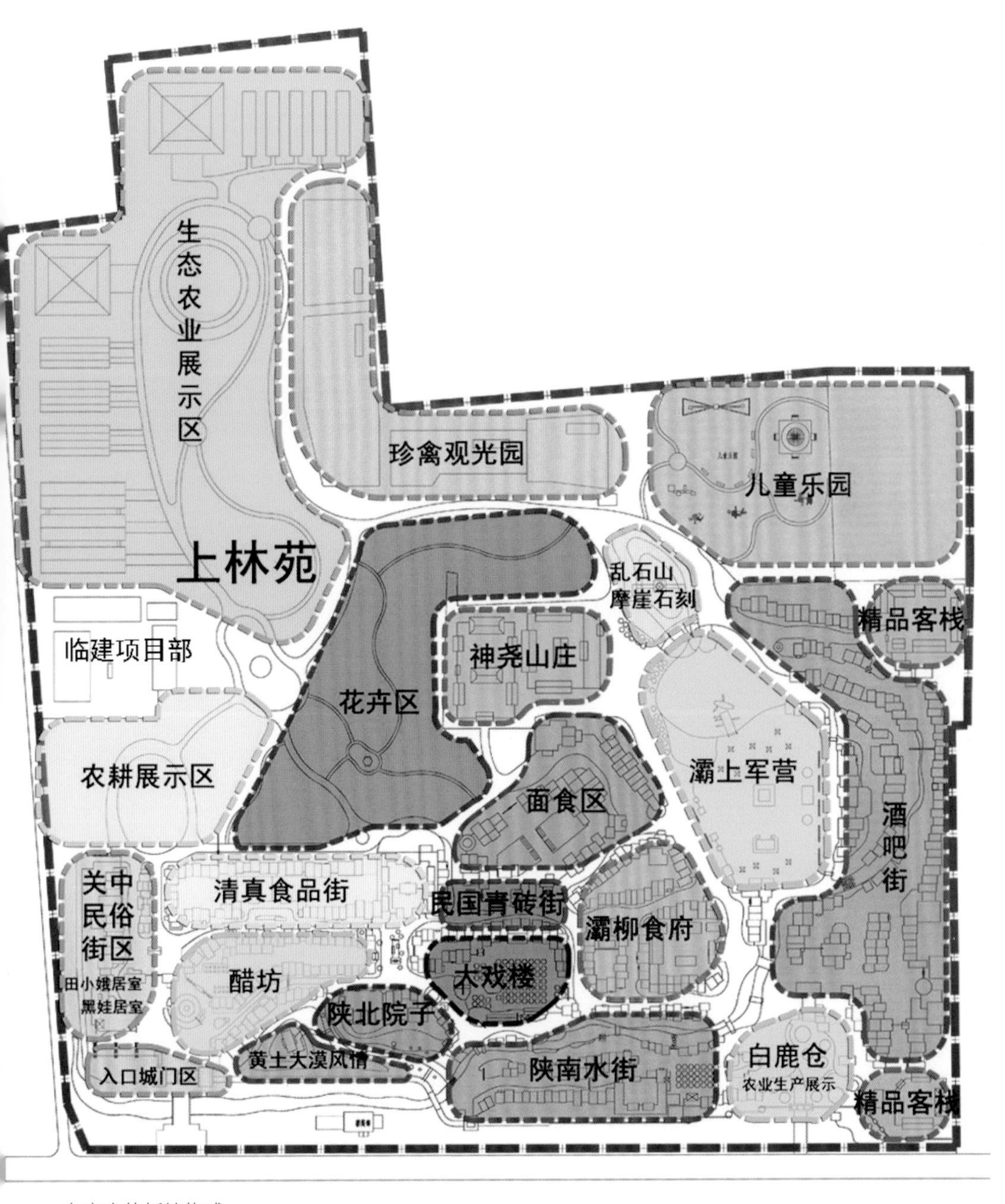

白鹿仓的板块构成

林苑”是汉代皇帝在白鹿原上狩猎时的区域，现在成为了农业展示区。总之，一个旅游项目的板块构成，要考虑到文化传承性、游客接受度、旅游吸引力、落地可行性，最重要的要考虑这样的板块是否具有市场，未来能否取得不错的经济效益。

5. 街区布局与建筑设计

(1) 自然迂回、师法自然的街区布局

白鹿仓的街区布局设计崇尚“师法自然”，模拟山间古镇的布局形态，没有明显的主次关系和清晰笔直的交通动线，街、场、口结合穿插，整体呈现出一种错落有致、迂回曲折、开合有度的布局形态。曾有一些建筑人员提出质疑，说这样的布局不符合建筑设计的规律，不够规整且显得凌乱、破碎，会让游客找不到清晰的游览方向。实践证明，正是这样的规划布局，突破了城市商业街那种“几纵几横”的模式，让游客“迷乱其中”，吸引了他们探究的游览欲望。同时，该项目“藏风而聚气、藏龙而卧虎”，也让游人的心理达到了一种张弛有度、动静相宜的满足感。

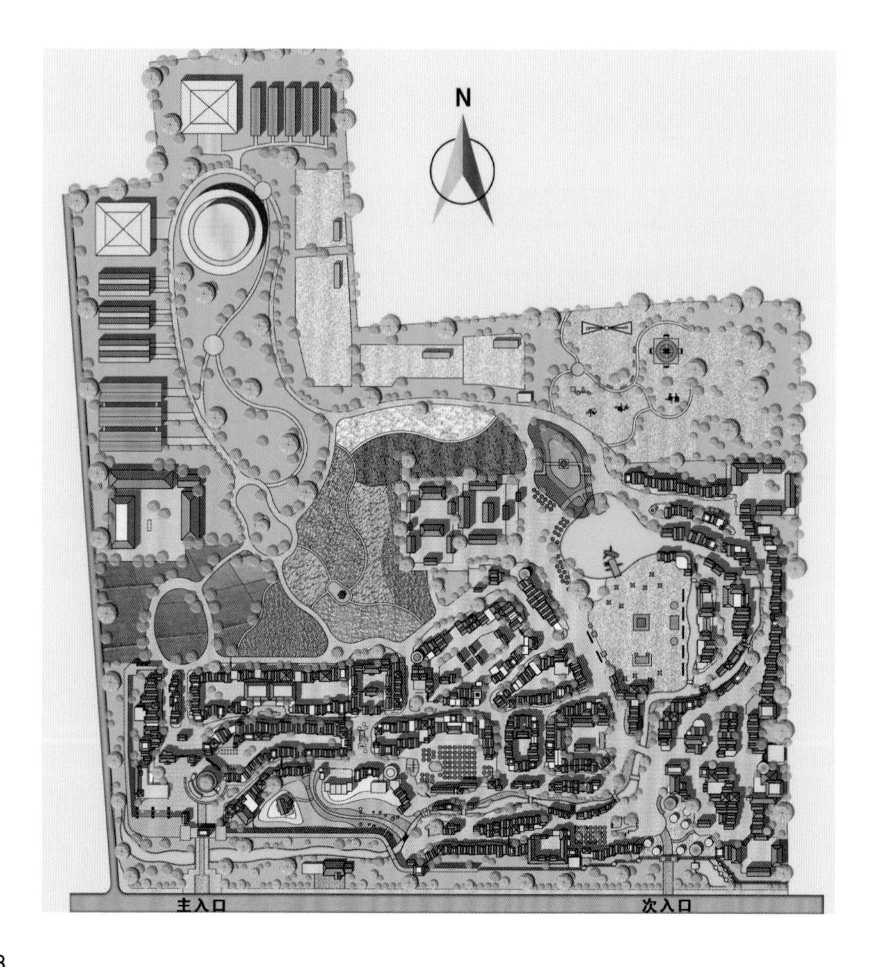

迂回自然的平面布局

(2)形式多变、整体而又独立的建筑设计

白鹿仓的旅游建筑按照设计风格，可以分为西北民俗建筑、南方民俗建筑、民国建筑三大部分，按照“清末民初”的时代背景统一成了一个由城市到村镇、由江北到江南的空间递进关系，形成了一种电影场景化的历史穿越感。这三个片区和风格的建筑，注重衔接和过渡的处理手法，将个体之间的形式变化和整体间的气质统一，保留了古民居的建筑元素，同时针对旅游建筑使用时的形式创新，在满足商业功能的前提下注重艺术性和观赏性的表现。可以说，这些建筑属于“经过现代艺术手法重新加工和提升的艺术化建筑群”，是艺术与功能结合、理性与感性结合、观赏性与实用性兼顾的结合体。

南方民俗

民国建筑

北方民俗

风格迥异的白鹿仓建筑群

白鹿仓建筑手稿

白鹿古街
不小于2400
不小于1800
30

建筑手稿

整个白鹿仓项目的单体建筑共有 300 余个，每栋建筑都经过了极其缜密和发散性的设计推敲，单体成品的修改方案均达三次以上，总共花费了一年半的时间。当整体建筑方案完成之后，再由专业施工图制作团队根据设计手稿完成施工图的工作，最后用以指导施工。该建筑群最大的特点是每栋建筑形态不一，都有单独的样式和独特的艺术韵味，富有极强的观赏性，足以让游人驻足观赏和留影拍照。设计师经过一砖一瓦的细节推敲、一点一面的亲手绘制、一日一夜的孜孜不倦，终于整合出了这些得到广大游客和专业人士肯定的旅游建筑群。

小贴士

白鹿仓主题建筑设有三种的原因：

★ 该建筑群是一个大的影视场景，是清末民初这一历史阶段下中国建筑的缩影。

★ 白鹿仓是一个接地气的、以民俗为基调的旅游景区，游客需要丰富的游览体验，风格迥异的建筑群能给游客带来视觉与心理刺激和穿越的多重感受，符合他们的心理需要。

建筑手稿

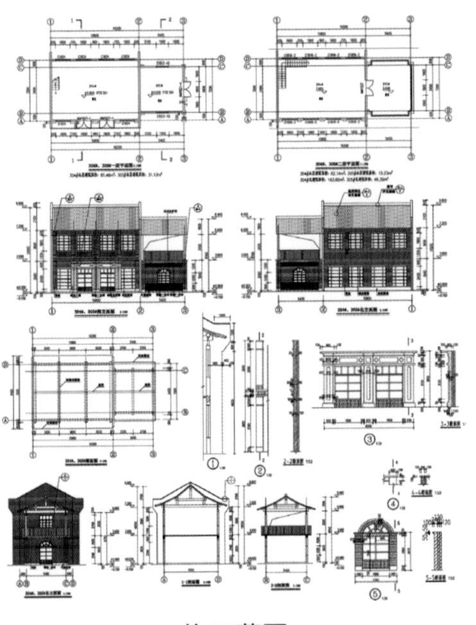

施工蓝图

建筑成品

建筑手稿

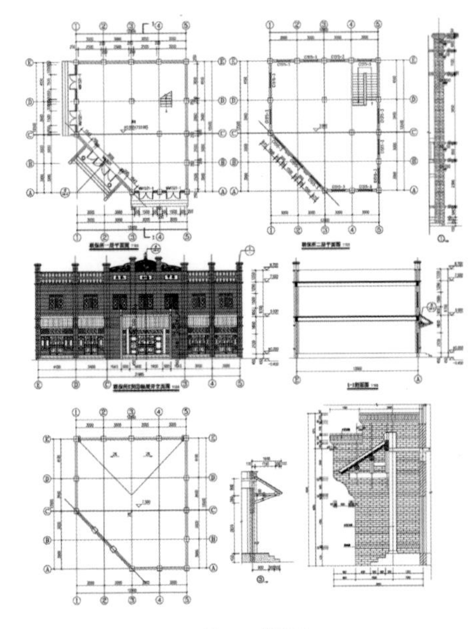

施工蓝图

建筑成品

“设计—施工—成品”的过程

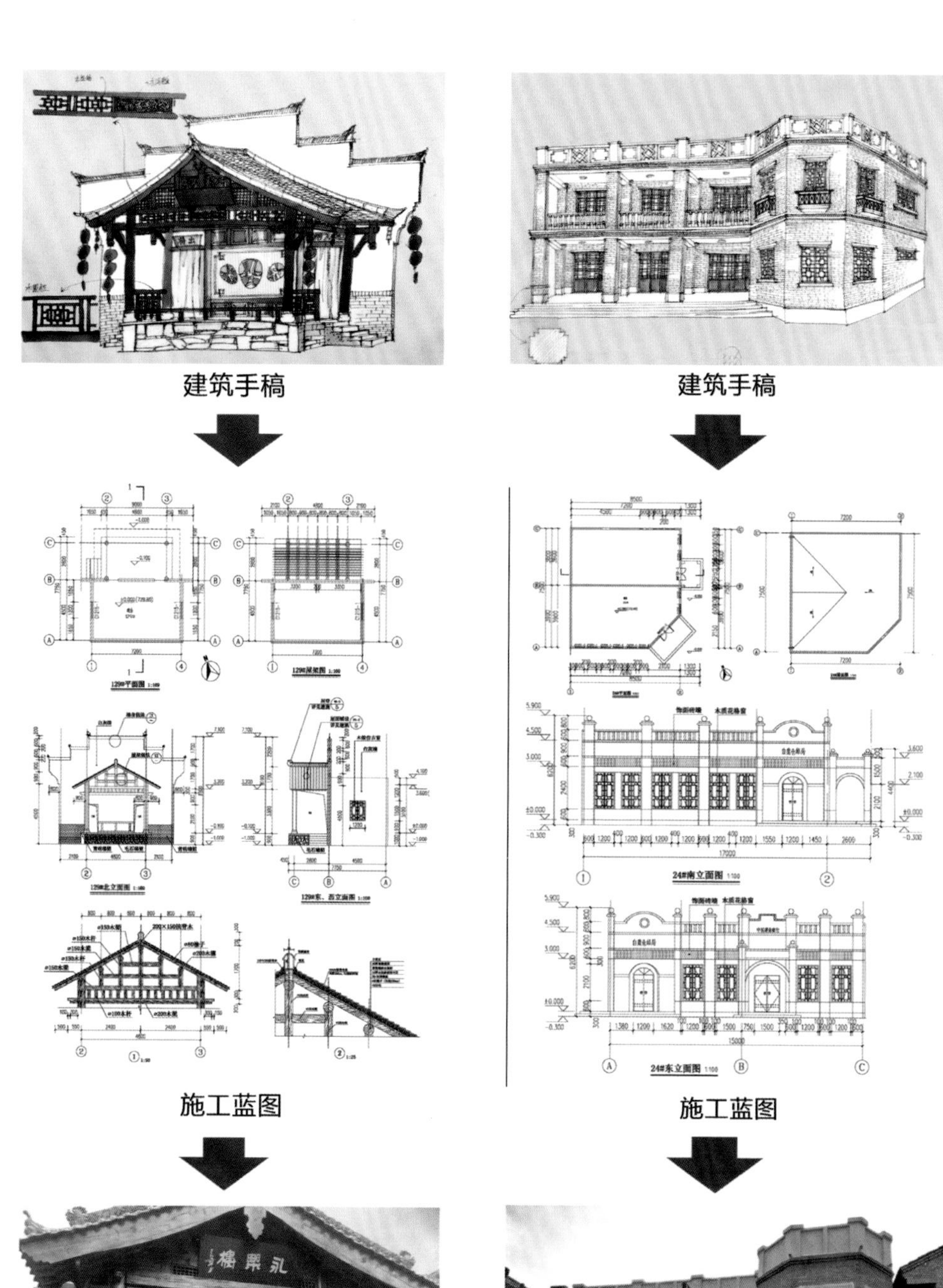

建筑手稿

建筑手稿

施工蓝图

施工蓝图

建筑成品

建筑成品

单独样式和独特艺术韵味的建筑

建筑手稿

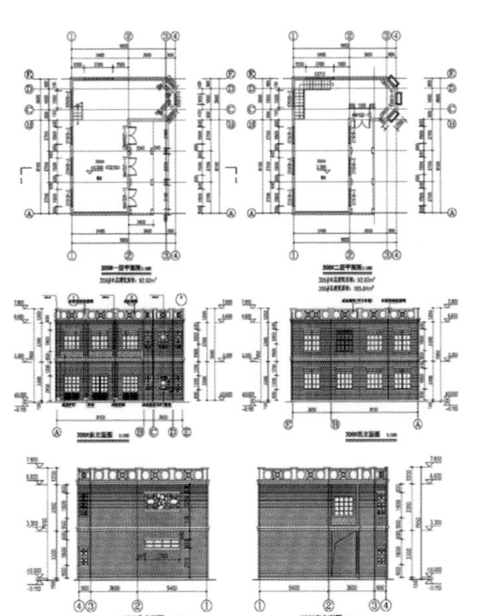

施工蓝图

建筑成品

建筑手稿

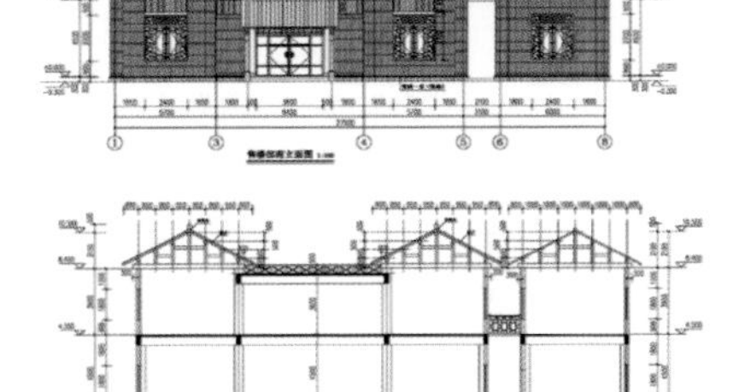

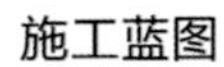

施工蓝图

建筑成品

（3）影视场景化的建筑空间设计

为最大限度地同化人、感染人，实现“浸润式”的旅游体验效果，让游客产生一种“穿越”历史的奇妙错觉，从一开始，设计师就按照“影视场景”的设计手法来表达建筑空间。

根据不同时空概念下的场景化设计手法，通过研究、搜集不同风格建筑元素，再结合该项目的商业原则，把握住建筑的细节与韵味，通过“解构与演绎”的手法原创出建筑主体，将建筑神韵拿捏、整合在一个有机的“空间场”之中。

通过场景化手法设计出来的建筑空间，不但具有超强的感染力，而且具备丰富的空间变化与层次感，也适合作为艺术或建筑类学生的写生基地，无形中也为景区吸引了更多学子的来访。

此外，该项目作为影视场景化定位的设计还有一个考虑，若干年后，如民俗旅游的热潮退去之时，可以考虑将景区门口的牌匾换成“白鹿仓影视基地”，为后期的运营之路打下伏笔。

影视场景化手法下的建筑空间

益大號絲綿被衣店

王氏公館

6. 建筑的提升和落地过程

客观来说，类似于白鹿仓这样风格的建筑在设计领域是比较少见的，而且 300 余个单体建筑的面积、构造和外观都不一样，极具综合性，这对任何一个施工图制作单位来说，都是一件很有挑战的事情，对能力和精力也是一种巨大考验。

施工的过程可谓历尽艰辛，如建筑图的表达差强人意、工艺技法的具体施工难度大等，但最终在设计师的现场指导下，不断进行着细化和优化，调整原施工图上考虑不周的地方，将每一处值得修改的细节全部深化，力争使每一块砖、每一片瓦的标注都清晰明了，最终才达到了清晰指导施工的程度。

在整个施工过程中，设计师需要时时刻刻驻守在现场巡查和指导，及时解决各种临时性问题，不断与施工人员沟通协调、与工程技术人员探讨工艺、指导工人具体操作，随时把控建筑美学与工艺、质量、造价、商业经营等各方面的矛盾，以及权衡建筑、景观、水电安装、管道铺设、室外设备箱等方面的衔接工作。

设计师在施工现场全程指导

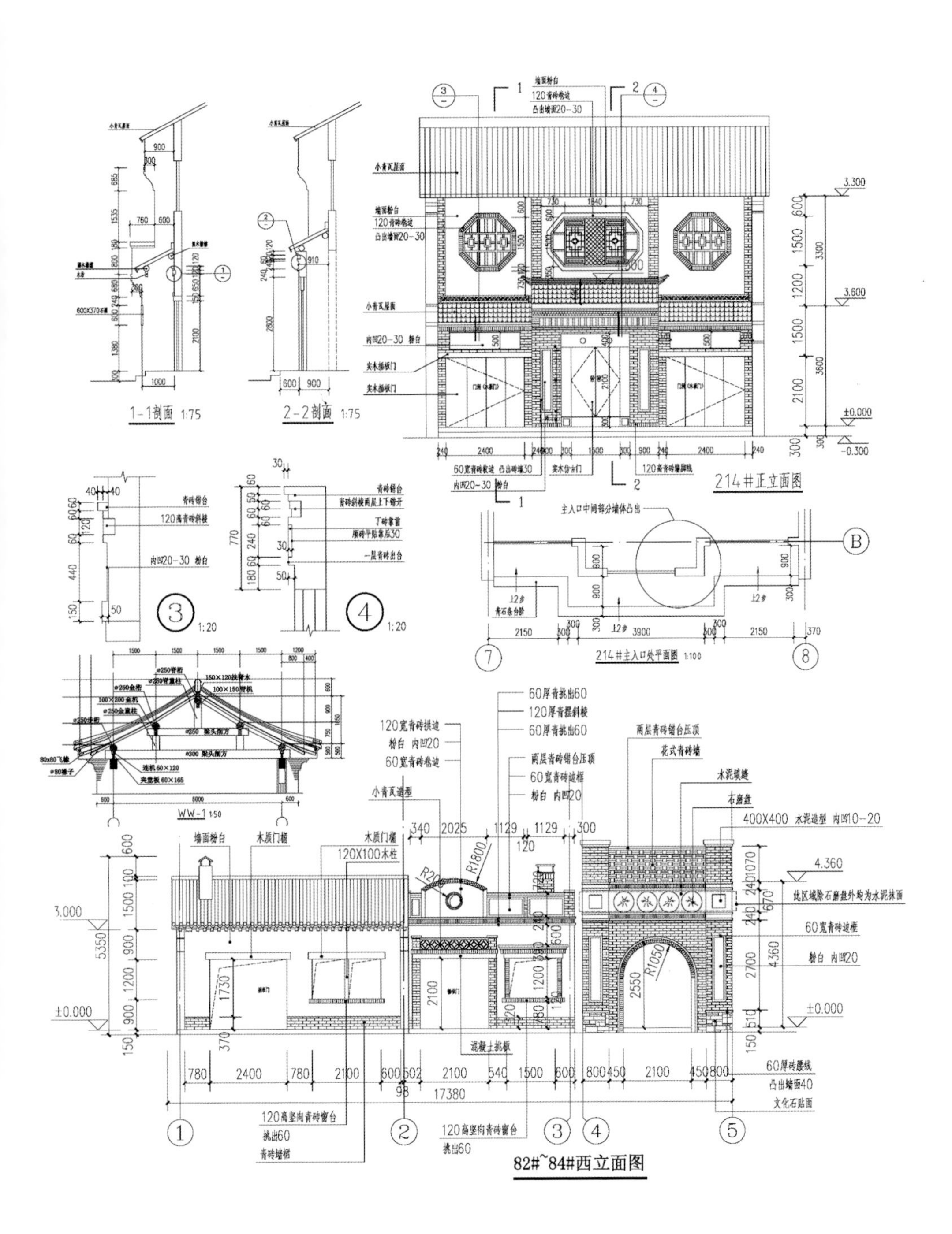

细致到一砖一瓦的建筑深化施工图

7. 白鹿仓中的重点建筑

在项目各具特色的 300 余栋建筑中，部分建筑处在不同街区的关键位置之上，从造型和立意方面起着统领街道、凝聚各方气韵、表达项目人文气质的重要意义。

（1）望母阁

此阁楼从山西一大家故宅中收购而来，是该家族在晚清时为纪念开创家业的老祖母而修建的，建筑主体由木材建造而成。阁楼搬迁过来之后，被放置在白鹿仓项目的主入口广场上，其一是为了保护古建，其二是其放置的区位正好离“薄太后墓”最近，与高耸的“南陵”遥遥相望。

爬上阁楼往西看，“南陵”全貌尽收眼底。据传，汉恒帝每年登白鹿原祭拜其母，这是古代皇帝中为数不多“子孝母贤”的典型代表，“望母阁”的意义也在于此。登阁远望，既表达了汉恒帝对其母的怀念，也时刻提醒游人要尽好自己的孝道，不要辜负父母之爱。

望母阁

（2）独木亭

此处之所以称为“独木亭”，是因为该亭子的屋顶由一根 1.8m 粗、近 20m 高的美国松木独立支撑起来。这种造型的亭子，首先取材就很难得，其次是造型上富有独特性，更重要的是立意上表达了一种团队协作、共创佳业的寓意，它由多个斗拱结构建成，有序地围绕在大木柱的核心主体之上，共同撑起了一片天空。

独木亭

独木亭是白鹿仓最核心的“精神堡垒”，时刻传达着一种“合力共生”的奋斗理念，吸引了众多游客的关注。

（3）白鹿原古街

白鹿原古街根据小说《白鹿原》中的描写，结合场景化的设计手法，将关中小镇的街巷空间通过艺术化的手法重新演绎了出来。街上的民俗建筑高低错落、造型各异，既有穷困人家的低矮小房、小康之家的二层楼房，又有“房子半边盖”的单坡厢房、富贵人家的双坡大瓦房，还有窑洞和瓦房相结合的特色建筑等。另外，砖雕、石雕、青石条、木雕花、石匾额等传统古构件均在街上有所表现，可以说是关中民居形态的缩影。人们游走其中，感受到的是传统、地道的关中民俗建筑文化的韵律之美和朴素之美。

（4）白鹿仓联保所

白鹿仓联保所是民国初期白鹿仓的安全机构，由白鹿仓直接管理。它是景区建筑上“场景化体系”的一个重要组成部分，有了它，“白鹿原古街”的故事才足够完整。另外，它处在景区入口大广场的右前侧、处在“民国街”和“白鹿原古街”的交汇处，所以体量和造型都颇为大气和“中正”，属于半个地标性景区建筑。

白鹿原古街

白鹿仓联保所

（5）民国街站前广场

处在民国街中心位置的“站前广场”是整条街道的核心与高潮，这里是“电影场景化”理念表现最为到位的地方。广场中心有一座顶部站立着“神鹿”的民国风格图腾雕塑，旁边有一个民国风格的红绿灯，有轨电车从红绿灯下缓缓经过，另有民国风格的路灯和电话亭。广场北侧是白鹿仓火车站的售票大厅和进站口，当人们站在广场上从“进站口”朝北望去时，看到的是一条墨绿色的民国火车停靠在轨道上，实际上这列火车是另外一条文艺街道的小商铺。所有来到白鹿仓旅游的游客，在这个广场上拍照的次数是最多的，因为他们体验到了“穿越”的感觉，体验到了空间氛围带给自己的那份“奇妙”感受。

民国街站前广场

（6）白乐门

此“白乐门”不是老上海时期的“百乐门”，它只是“白鹿仓”在民国时期的一个歌舞休闲场所，是白鹿原上的“欢乐”之地。该建筑是“民国街”上体量最大的建筑，里面规划了符合建筑特征的复古歌舞和 KTV 业态，是吸引年轻人和带动整条街道夜间消费的重要场所。

白乐门

（7）白家大院、鹿家大院

根据《白鹿原》小说中的描述，白家、鹿家两大家族向来不和，所以在地理位置上特意对之进行了区分，白家处在项目建筑群的东侧，鹿家处在西侧；在人物形象方面，白家人相对正面一些，故白家大院的建筑更加华丽大气，鹿家则略逊一筹。作为白鹿仓建筑群中的两大院落，均担当了传承白鹿原文化和体现关中风俗的重任，故在业态安排上，都是以“文化展示 + 商业”的双重功能为主。

白家、鹿家大院

（8）白鹿官仓

白鹿官仓是整个项目的灵魂所在，由一座大体量的“官式粮仓博物馆”和九座小型粮仓组合而成，既点明了白鹿仓项目的主题，也给游客展示了真正的古代“官式粮仓”文化。此处的十座粮仓，是根据当时白鹿原上的地域文化，分别起名为安民仓、玉山仓、留庆仓、里峪仓、黄莆仓、翟马仓、明德仓、兴化仓、新民仓和至善仓。

白鹿官仓

8. 空间软装饰处理

（1）牌匾和店招装饰

游客认识和了解一个商铺或商品的信息就是牌匾和店招装饰。牌匾的设计制作有不同的样式和风格，有的华贵大气，有的自然朴素，有的生动活泼，有的是规矩的长方形，有的是富于变化的不规则形，等等，不一而足。旅游景区中商业门店上的牌匾和店招，应该根据自己的经营业态结合景区统一设计并专门制作，它是商铺整体的有机组成部分，千万不要轻易忽视。

（2）布艺旗幡

旗幡是仿古或民俗场景中必须用到的一种装饰品，可谓店家的第二个店招，一般沿建筑外墙纵向伸出，从远处即可看见，非常醒目，能起到很好地宣传和装饰效果。但在很多民俗风格的旅游空间当中，旗幡的设置通常不受重视，一般采用质地粗劣、颜色扎眼的喷绘布直接喷绘而成，感觉不太美观。建议采用纯棉材料制作，图案和字体可用不同颜色的布料搭配缝制出来，同时注重细节上传统风格的体现，这样的旗幡民俗韵味十足，十分耐看。

牌匾店招

布幔挂饰

立面绿化

各种堆头

景区中的软装饰

（3）布幔挂件的装饰

一块遮阳挡雨的布帘或草帘、一串小风铃、一个小香囊、一条写着口号的布幔等，都是软化硬质空间、增添情趣的小道具。这些道具花钱不多，但重在用心，可以自己手工制作，往往能起到画龙点睛的修饰作用。

（4）灯笼

灯笼是一种古老的中国传统工艺品，起源于 2000 多年前的西汉时期，是中国人喜庆象征的装饰物。中式灯笼大多为红色或淡黄色，呈圆形或椭圆形，作为民俗景区的商品，在门头两侧各挂一串，或屋檐下吊挂一排，都是一种不错的装饰手法。

（5）立体绿化

建筑材料没有生命，而植物是有生命的，将绿色植物攀援于建筑之上，轻易就能打破建筑的冰冷感，丰富和装饰建筑的立面效果。一般的爬藤类植物有凌霄、紫藤、爬墙虎、蔷薇等，其中紫藤的生命力较强，可以适应比较严寒的气候，其他各类四季花卉，可以采用吊篮的形式悬挂或摆放装饰。

棉布旗幡

各种灯笼

民国牌匾刀旗

老海报广告

影视剧化的场景服装

（6）“堆头”或其他工艺品的摆放

堆头原本指的是超市商品的大体积陈列，这里指的是为了营造氛围而将花卉盆栽和其他工艺品组合在一起所形成的小型景观。在旅游空间的装饰中，小型物件可以堆砌在一起合力形成“堆头”，但稍大一些的玩偶、艺术雕塑、老器物等就可以单独放置，独立形成一个小看点。

（7）海报、广告、彩绘的装饰

海报、广告和彩绘均具有装饰和宣传的双重特征，一张好的海报装饰除了基本的宣传功能之外，也应该注重自身的装饰性和趣味性。具有时代特征的装饰物，还能和建筑空间关联起来，起到营造时代氛围的功效。

民国街软装前后的建筑效果对比

(8) 民国风格的店招、刀牌和跑马灯装饰

白鹿原 · 白鹿仓项目中民国街的氛围营造，除了建筑的特色之外，主要装饰物就是大量民国风格的店招、刀牌和跑马灯。这类装饰物由于历史文化特色突出、地域限制较为明显，需要设计者用心把控其风格并确定细节，才能达到理想的落地效果。

(9) 商家和工作人员的场景化服饰

人物作为旅游街区中的行为主体，其服饰亦要和整个空间协调起来，共同承担起构筑场景的责任，就如同我们看到的古装影视剧一样，演员的服饰需要与时代背景相吻合。如果能做到大家的言谈举止，特别是迎客的问候语和手势都符合景区营造的场景化目的，那带给游客的体验感绝对是惊叹和深刻的。

9. 存在的问题

（1）后期的补充建设在一定程度上破坏了景区前期定位

白鹿原 · 白鹿仓项目在前期建设完成的试运营阶段，取得了社会各界的广泛认可和赞誉，可到了后期补充完善建设的时候，一期预留下来的建设用地上规划和布局了各种业态，这些业态具体落地时，没有按照前期设计的原则和思路布置，忽略了“景区”的大概念，局部景区便形成了农贸市场的风貌，破坏和折损了原有的建设成果，也给后期的运营和游客口碑留下隐患。

后期补充建设部分与前期定位不太相符

（2）运营方面有些肆意，欠缺科学性

景区的运营是一项非常重要的事情，关乎整个景区的成败。大运营思路的认知不清和具体运营核心人物的缺失，会使景区运营处在一个最基本的“物业管理”层面，变成一个收取水电费和处理商户间各种琐事的物业机构。

白鹿原 · 白鹿仓景区在运营方面最核心的问题，就是在整体业态的内容品质及数量上欠缺了清晰的界定。按照前期的业态规划，已经明确整体业态数量不超过 200 种，且在这些业态布局中，餐饮小吃的比例不得超过 70%，可到了后期，小吃的比例已占据了近 90%，还有各种“见缝插针”式的各种小业态，这样的业态总数及配比已经很明显脱离了先前的规划轨道，极易形成混乱的管理和商户间不良的竞争状态。

白鹿仓里的运营死角

三、齐鲁酒地健康小镇

项目地址：山东省安丘市

齐鲁酒地健康小镇位置图

1. 基本概况

齐鲁酒地健康小镇位于安丘市城北青龙山，由酒业企业投资建设，按照国家AAAA级旅游景区标准打造，规划总面积4.3公顷。小镇距离潍坊市市区20km、安丘市5km，至潍坊机场12km、潍莱高速8km，区域交通便利，是联系和服务潍坊、安丘的中间节点，地理位置优越，区位优势明显。

小镇依托景芝酒业的历史文化资源，站在振兴鲁酒的高度，以生态治理为前提，融合“白酒、文化、健康”三大领域产业新标杆，按照“统一规划、分期实施、滚动开发、梯度推进”的原则，是集“文化创意、旅游体验、教育培训、运动休闲和健康养生”五大主题功能区于一体的“旅游＋文化＋健康”的综合性旅游小镇，2017年被纳入山东省特色小镇创建名单（鲁政办字〔2017〕146号）和国家运动休闲特色小镇。

大门

2. 小镇的缘起

位于“山东三大古镇”之一的景芝镇，迄今已有千年酿酒的历史。1948 年，山东景芝酒厂集景芝镇 72 家酿酒作坊于一体，创立了中国较早的国营白酒企业，目前已形成以白酒酿造为主，以工业旅游、热电、纸箱、蛋白饲料、污水处理等为辅的多元化发展格局。源远流长的文化积淀和得天独厚的生态环境，为景芝酒业的创新发展奠定了坚实的基础。

小镇所在地原为安丘市青龙山，属低丘缓坡区域，是安丘市城区的北部屏障。多年来，这里由于石灰岩乱挖、乱采，山体破坏严重，采石矿坑遍布，满目苍凉，昔日郁郁葱葱、风光秀美的山体被挖得破烂不堪，部分只剩下残垣断壁，严重影响了当地的生态环境。2011 年，安丘市政府果断采取措施停止了对该山的采石开发，并积极寻求对破损山体进行生态恢复治理和开发建设的途径。为此，经过多番论证，山东景芝酒业股份有限公司按照市政府“转调创”的发展要求，本着“保障发展和保护资源并重，

齐鲁酒地原址状况

因地制宜、变废为宝、还绿于山、造福于民”的原则，对小镇所在区域进行生态与自然环境恢复再造。经过 6 年多的治理，昔日的废石坑、乱石岗已逐渐变成了风景秀美的宜游、宜居特色小镇。

景芝酒厂

3. 建设理念及产业构架

齐鲁酒地健康小镇以酒文化为核心，“旅游休闲”和“医养健康”两大产业并行，结合原有景芝酒业的优势，基本构建起了一条以“酒 + 康养产业”为主线的完整产业链条。

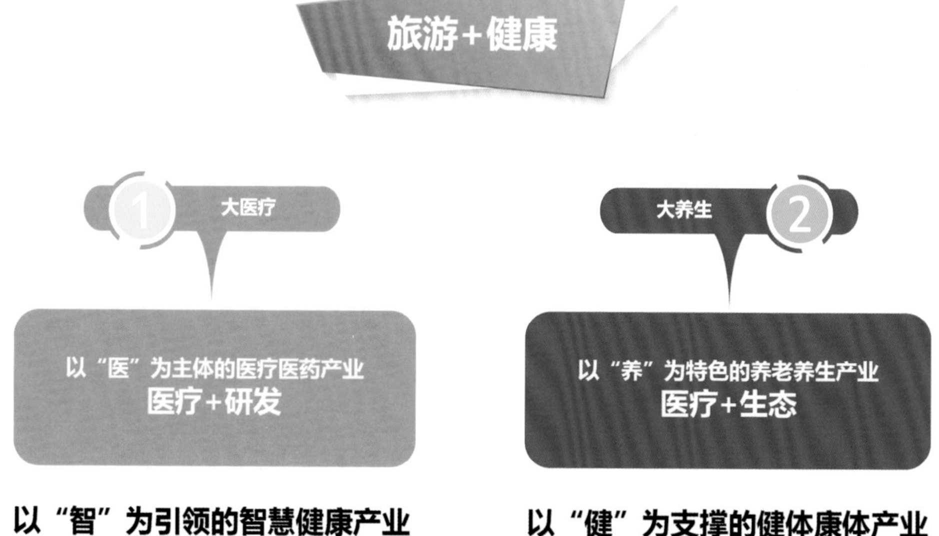

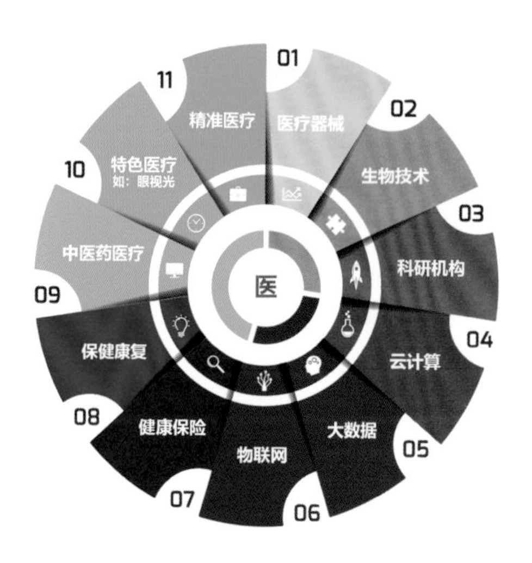

景区的产业构架

项目规划总共分两期建设，一期为酒文化主题公园，以酒文化为核心，以文化展示、特色休闲游憩、养生体验等现代旅游产品为发展目标；二期为生态农业产业园，主要发展生态农业，打造集婚纱摄影、影视拍摄、花海观光、休闲游乐、生态修复于一体的生态休闲旅游区。

景区的产业分区

4. 景区的十大板块

（1）小镇客厅

齐鲁酒地健康小镇的“小镇客厅”总建筑面积约 5 万平方米，功能定位是集酒文化体验、国学教育、艺术品鉴赏、流通、体验、传播及艺术品金融为一体。该区域的建筑风格以明清时期的民间建筑为主，同时融合了北方石寨的特点，强调复古情调与文化沉淀的统一，建有青龙古陶瓷博物馆、青龙 1 号奥特莱斯、文物司法鉴定评估中心、景德镇 DIY 陶瓷体验馆等核心机构，还有国际艺术会展中心和多座风格各异的名家、藏家会馆，同时配套了酒肆、客栈、素斋养心院等生活服务单元。

在上述规划理念下，其从外到内的设计与建造也颇具匠心，不但注重外在的建筑形象及街区空间打造，更有精致的室内文化与陈设展示空间。这个板块是较为集中接待普通游客的场所，游客在这里可以深度体验和学习到各种工艺品或艺术品的综合性知识。

小镇客厅的室内外效果

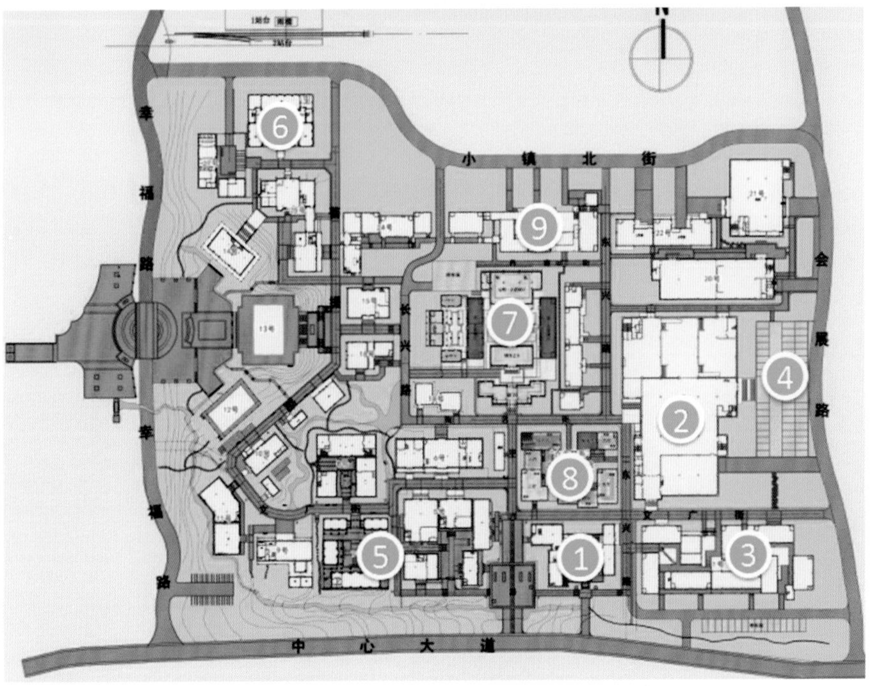

① 小镇接待处　　④ 文化广场　　⑦ 古陶瓷博物馆
② 国际艺术会展中心　　⑤ 棋艺及竞赛 / 培训　　⑧ 陶瓷艺术展示区
③ 艺术品奥特莱斯　　⑥ 文化交流中心　　⑨ 素斋养心院

小镇客厅总体效果及布局

（2）酒文化博览区

酒文化交流中心

该区域总建筑面积 6 万多平方米，功能定位是以酒文化博览区为展示及体验中心，打造集酒文化交流、体验、洞藏、品鉴、交易、服务为一体的综合性平台，满足文化学术交流、文化体验、休闲度假的需求，集中展现博大精深的酒文化内涵。该板块主要有酒文化交流中心（酒店）、酒文化博览中心、洞藏酒中心、美酒池四大核心项目。

酒文化博览中心共分三层，游人可在此了解酒的起源、发展、酿造工艺、常识以及饮酒礼仪。地下空间集酒文化展示、品鉴、灌装封坛、储藏功能于一体，是国内最大、最专业的酒窖之一。该酒窖具有恒温、恒湿、避光、无振动、无噪声等优势，具备酒品存放的最佳微气候特点，客户可随个人喜好随性调配、取舍随心，同时也可贮藏成品酒或者交易。

酒文化博览中心

酒文化博览区四大核心板块

美酒池

酒文化交流中心集餐饮住宿、休闲娱乐、商务会议、旅游度假为一体，设有 3 个特色鲜明的主题餐厅、12 个厅房，可容纳 800 人同时就餐；建有 10 ～ 500 人使用的各类会议室，可同时容纳 300 人入住，同时还配备有设备齐全的游泳池、水疗、足疗和健身中心。

洞藏酒中心

（3）婚庆文化区

婚庆文化区在青龙山东北部的石坑内依势而建，可满足婚纱摄影、婚礼庆典、大型聚会及演出等活动。摄影基地分内景和外景两部分，内景设教堂、时光隧道、红房子、中式庭院、地中海等景观。

区中最具代表性的部分就是 5000m^2 的恒温实景影棚和 2000m^2 的多功能服务区，通过对空间的综合利用，实现了 100 余种不同艺术主题的无瑕衔接。内部景观打造了奢华欧式、婉约韩式、自然田园以及小资情调的文艺风格，让顾客的拍摄过程也成为一次休闲的度假之旅。充分利用建筑层高优势实现视觉震撼，诠释浪漫感觉。此外，为丰富表达婚纱摄影的唯美，

婚庆文化区的室内外摄影场景

基地还制造还原出高于生活的婚纱实景，实现现实中无法触及的完美梦境。其创新性的技术特质决定了品质和档次，场景的新颖能为摄影、化妆、后期带来无限的创作空间，最大限度利用基地资源，实现投资收益最大化。

与国内其他婚纱摄影基地相比，该基地浓郁的民族风格更加宏伟、壮丽。古色古香的青龙小镇、复古怀旧的火车驿站、余音袅袅的玫瑰花语、沁人心脾的梦幻香海、姹紫嫣红的五色菊园、镜花水月的绿洲花溪等景点，均展示出民族文化的精髓，也是一种充满新意的艺术再现。

（4）素质拓展基地

素质拓展基地利用景区西北角的废弃石坑作为主要规划建设场地，以非常规类户外体育项目、专业体育项目培训为主，是“文化＋体育＋教育”为核心的泛健康聚集区“引爆点”。该区域设计的分项有青少年科技创新实践教育基地、飞碟演艺中心、潍坊智慧冰雪小镇、滑草场、专业体育培训基地、拓展训练、综合实践基地、溜冰场、户外摩托车／汽车越野练习场、攀岩基地、户外探险基地、儿童教育产业旗舰中心、冰世界、儿童小剧场、露天广场等。

汽车越野

滑草

飞碟演艺中心

室内冰雪世界

攀岩

各种拓展运动项目

（5）户外休闲基地

户外休闲基地利用小镇东侧靠水、地势较平的区域为主要规划建设场地，以“休闲体育 + 度假体验”为内容，建设常规且较具人气的项目，打造集观光游憩于一体的户外休闲体育区。该区域设置的项目有青少年户外拓展基地、户外 CS、快乐向前冲、高尔夫球场、太极广场、风筝广场、房车营地、集装箱营地等。

户外 CS

集装箱营地

水上高尔夫

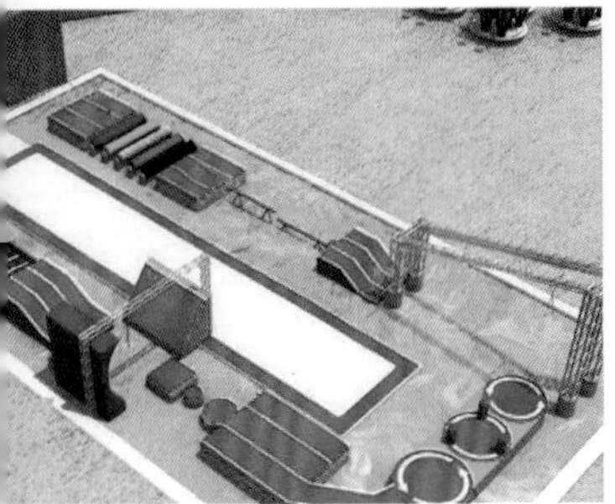
快乐向前冲

房车营地

儿童户外拓展

户外休闲基地中的各种项目

（6）汽车露营区

该区域在功能定位上，以户外休闲结合苗木基地打造集自驾车营地、餐饮、拓展训练、山地运动、观光游憩于一体的汽车露营文化区。配套的项目有游客服务中心、休闲营地、缤纷果园及纪念公园等。

汽车露营区

（7）职业教育区

职业教育区的功能定位为国际游学、老年大学、大学教育、职业培训等。根据山地地形及石坑现状，结合景观打造要求，采取多种工艺，将学校建筑及设施打造成特色的景观综合体，满足教学和游学观光的需求。区内建设有教学楼、实验楼、图书馆、办公楼及学生宿舍、食堂等。

职业教育学院规划

（8）花海游憩区

花海游憩区在功能定位上以规模花卉种植、农业种植为基础，是集生态旅游、观光休闲、影视外景、特色游憩于一体的生态园区。区内总共设计了玫瑰花语、梦幻香海、国色天香、东篱菊园、伊甸芳园、碧水花溪、花韵田庄、水汀草庐八大板块。

花海游憩区

（9）休闲养生区

休闲养生区建筑面积为 50 万平方米，功能定位为休闲养生、综合服务等。

（10）大门及客服中心

小镇南大门的设计以鲁地民居为特色，将“齐、鲁”二字提炼并融入建筑形式之中，展现齐鲁文化的质感和古典元素的现代演绎，形成能够反映地域文化的景观大门。

东游客服务中心建筑采用新中式的风格，坡屋顶，大柱廊，整体大气浑厚富有韵味。空间上采用双首层的设计，使建筑空间更加丰富，能更好地为园区提供展示、问询、管理、购票等服务功能。

西游客中心的建筑设计在形态上突出生态理念，整体造型如一片叶子，外部墙面材质以木和钢材为主，包括有售票窗口、员工休息室、卫生间及医疗服务等功能区域。

小镇南大门

东游客服务中心

西游客服务中心

5. 启示

齐鲁酒地健康小镇是由国内知名的旅游规划设计公司承担设计的，小镇布局几近完美，整体功能齐全，每个板块也是高品质的，硬件建设到位，软件建设正规，称得上是一套标准模式打造下来的综合旅游特色小镇。但正是这样标准化、理想化、品质化的景区模式，在遇到真正吸引游客的问题上时，也存在一些问题。

（1）标准化、品质化是一个景区成功的前提

一个成功的景区，在大的构成框架上必须是正规的，但小的细节品质方面也必须是有质感的。齐全的功能和优良的品质是景区成功的前提和保证。

（2）业态确立必须契合当地旅游市场

任何一个旅游项目的板块设定或业态落地都必须与当地旅游市场相契合。齐鲁酒地健康小镇项目中的一些板块，些许脱离了当地的旅游市场，一些业态的设立有些超前。安丘作为一个地级市，人口不到百万，虽然临近几个相对较大的城市，但还是具有交通问题及产品定位问题。所以，适度开拓外围市场和调整业态属性，吸引更多游客的到来，是目前需做的一项重要工作。

（3）缺乏核心、接地气的吸引力是普通旅游策划模式的通病

相当一部分大型的、所谓正规的规划机构操作出来的旅游项目都是按照标准化模式生产的，要查找其不对的地方，好像没有，查找其有什么缺失的环节，更是没有。但为什么如此打造出来的项目很难达到预想的效果呢？其本质原因就是这样看似完整的旅游构成太过正规和严谨，很难具有“新、奇、特”的特点，又或者是项目的“引爆点”过于“高冷”，不接地气，无法做到让游客雅俗共赏。

（4）落实产业、打造“爆点”、雅俗共赏、灵活运营是未来的方向

在今天小镇雏形已现的历史性时刻，该项目需要在后期建设与运营方面下足“功夫”，首先，要将自己的白酒产业和其他几个辅助的影视、科教与养老产业有机结合，共同做大做好，给项目正常运转打下良好基础；其次，是寻找项目真正的“旅游核心吸引力”，用最具诱惑的核心卖点吸引游客的到来，做到雅俗共赏；最后，就是需要灵活、务实地做好后期的运营工作。

四、拈花湾禅意小镇

项目地址：江苏无锡

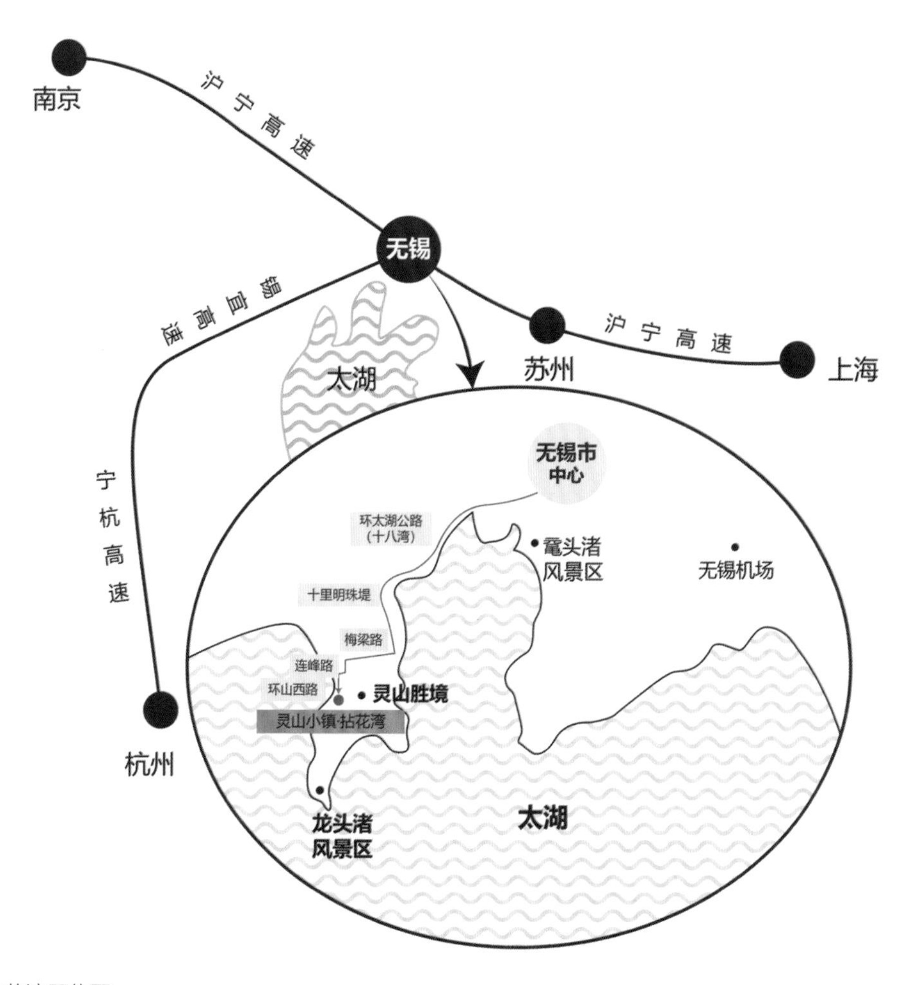

拈花湾区位图

1. 基本概况

拈花湾禅意小镇位于无锡市滨湖区，地处长三角核心城市圈内，距苏州、南京、上海等城市车程距离均在 3 小时以内，属城郊游憩型旅游度假地产项目，于 2015 年 11 月建成开园，是无锡市的标志性旅游景点之一。

拈花湾坐落于无锡灵山国家风景名胜区内，靠山面湖，与灵山大佛遥遥相望，得尽大灵山景区的天地人文之灵气。拈花湾的命名，一方面源于佛教“佛祖拈花而迦叶微笑”的经典公案，同时也因为它所在的地块形似五叶莲花。

小镇整体的建筑风格借鉴了日本奈良的古建筑，又融入了中国江南古镇与园林的诸多元素，独特的建筑风格和细致的景观细节打造，使得所有游客都沉浸在美轮美奂的禅韵意境当中。

2. 设计理念

（1）整体开发理念

拈花湾项目以佛文化为依托，以休闲旅游度假为延展，在先天优势的基础上，带动区域周末消费经济，进而带动灵山旅游，旨在打造一个集吃、住、游、购、娱、会务于一体的禅文化主题旅游度假综合体。

（2）资源依托

“旅游度假 + 禅文化”是拈花湾最主要的两大资源，其所处地生态景观条件优越，绿化覆盖率达 80%。丰厚的人文资源与绝佳的自然条件为项目的开发奠定了坚实的基础，加上灵山佛文化景区原有的旅游吸引力，仅从灵山大佛景区“配套产品”的角度出发，就已经有了很好的市场基础了。

拈花湾鸟瞰图

（3）核心业态与“变现”手法

禅文化、休闲产业、居住养生是拈花湾的三大核心业态。作为高品质居住地产的配套，拈花湾这个“精品配套”中包含了禅意商业小镇、佛教论坛中心、禅修精品酒店、大禅堂、湿地公园等一个个美轮美奂的子板块。拈花湾最主要的“变现”手段就是依靠其开发带动别墅、公寓、商业等项目的销售，其中度假别墅面积 240 ～ 360m^2，村舍式公寓面积 40 ～ 200m^2。

3. 总体布局

整个拈花湾禅意小镇是通过三条主要通道和水系组成的，规划了“五谷”“一街”“一堂”的主体功能布局，并配以禅意的命名体系，形成以“五瓣佛莲”为原型的总平面，其中“五谷”分别为云门谷、竹溪谷、银杏谷、禅心谷、鹿鸣谷，形似五瓣花瓣，主体功能涵盖了会议、酒店、度假房产；“一街”即香月花街，位于花心，是拈花湾的核心商业街区；“一堂”即胥山大禅堂，位于花干部位，既是大型的禅修体验场所，也是拈花湾景区的大型标志物。

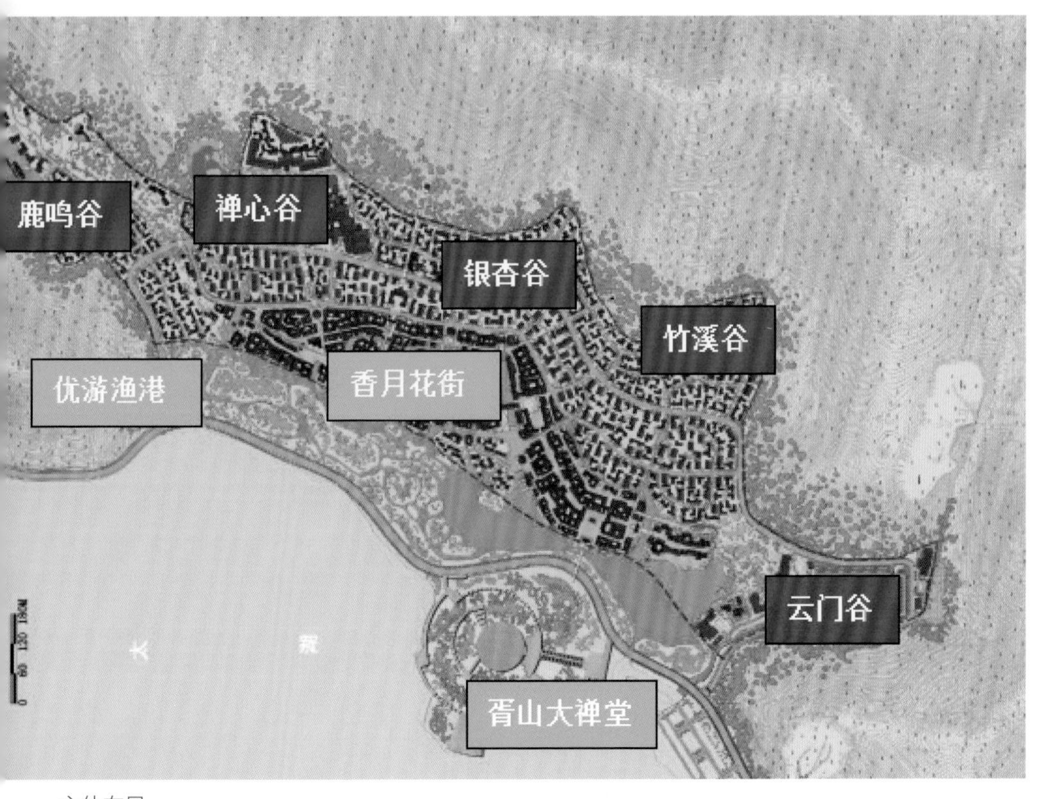

主体布局

（1）以配套服务为核心——云门谷

云门谷是拈花湾的主要游客中心、中心停车场、内外交通换乘中心和水陆交通枢纽，处在拈花湾最东南端的一个山谷，是“五片花瓣”中的第五片花瓣。只有从云雾缭绕的“云门”进去，才算是真正到达了拈花湾，开始真正的禅意享受。

（2）禅意旅居——竹溪谷

竹溪谷是整个拈花湾中最具有“旅居”价值的住宿式山谷，从北往南看，其处在拈花湾的山谷之间，是“五片花瓣”中的第四片花瓣。这里有日式独栋酒店式公寓，还有精品的日式民居风格酒店，这些建筑均伏卧于山间，静享自然却又视野开阔。

（3）历史遗存下的住养之地——银杏谷

银杏谷位于拈花湾的中部，原址是周边几个自然村落的中心，也是拈花湾的地理中心。从北往南看，银杏谷是拈花湾的第三个山谷，即“五片花瓣”中的第三片花瓣。在这个山谷的正中间，有一棵古老的银杏树，建设者们将它精心保护了下来，并围绕四周聚集了当地一些历史遗存，尽可能地保护并传承这里厚重的文化记忆，银杏谷因此得名。

（4）佛教论坛会议区——禅心谷

禅心谷是拈花湾从北往南的第二个山谷，是“五片花瓣”中的第二片花瓣。这里是世界佛教论坛的永久会址，主要布局有世界佛教论坛会议中心及会议专属的宾馆等配套建筑群，禅心谷也因此而得名。这里会举行每两年一届的世界公益慈善论坛。

（5）生态禅谷区——鹿鸣谷

鹿鸣谷是拈花湾最东北面的一个狭长山谷，是“五片花瓣”的第一片花瓣。此处圈养了 5 只小鹿，还“藏”有高端禅文化艺术私人会所。据说，当年唐僧西天取经回来路过此地，将两只从天竺国佛祖那里带回来的神鹿放归了山林。至今山湾深处，还有一处清池叫做“鹿眠潭”，因而这里的禅意生活也被形象地称为“鸣眠禅”。

云门谷

竹溪谷

银杏谷

鹿鸣谷

禅心谷

拈花湾的“五谷”

（6）禅意主题商业街区——香月花街

香月花街是一条横贯南北、网络东西、连接 5 个山谷的热闹小街，是连通“五片花瓣”的“经络”和“禅脉”。街道的两边是众多的商铺，除了出售的食品外，其余商品均跟“禅意”相关。业态包括餐饮、娱乐、休闲服务及酒吧，品类包括茶馆、花店、佛教展示等。

拈花湾的“一街”——香月花街

（7）佛法暗藏的色空奇观——胥山大禅堂

胥山大禅堂位于项目的最南端，与太湖之水交相辉映。胥山大禅堂由日本建筑大师隈研吾设计，将传统的佛学内涵以现代柔美的建筑形式表现出来，是一座可以容纳千人同时参禅的“色空奇观”大禅堂。

4. 运营特色

（1） 精益求精的细节打造

英特尔前总裁安迪·格鲁夫曾说，“只有偏执狂才能生存”，马云也说过，“做人要像疯子一样幻想，做事要像傻子一样投入”。在同质化竞争日趋激烈的当下，只有做出令人拍案叫绝、让人惊叹的产品，才可以撼动人心，赢得一片市场。拈花湾所有的建筑和景观都是精心打造的，它的每一处细节都体现出精益求精的匠人精神。

拈花湾的禅意建筑和景观都是“会呼吸的”，就如同自然中生长出来的一般。为了让建筑的茅草屋顶最大程度达到自然禅意的效果，他们从江苏、浙江、福建、江西甚至印度尼西亚的巴厘岛等地选择了 20 多种天然材料，经过各种手段的试验比对，并进行为期 100 天的户外综合试验，整合了 18 家专业机构和企业的资源与力量，前前后后“折腾”了一年多的时间。

那些看似简单的庭院竹篱笆也是一项复杂的工程，经过数月的尝试，换了好几拨施工队伍，最后决策者花重金请到了两位竹篱笆的“非遗”传人，从选竹、分竹、烘竹、排竹，编织手法、竹节排布技巧、结绳技法等，悉数传教。光打结的麻绳就选了 30 多种、十几种技法，最后形成了有 29 道工序的竹篱笆图制作工艺。

不太引人注意的苔藓，在拈花湾都有着丰富的故事，这些苔藓从遥远的天目山、雁荡山、武夷山等自然生态极好的山

拈花湾的茅草屋面

区里筛选而来，先被养护在一个苔藓基地，再将入选的苔藓植入拈花湾的泥土里，经过多次这样的尝试，在确保了较高成活率之后，再将大面积的苔藓移植到拈花湾的每个庭院中去。为了让苔藓在拈花湾快活地生长，每片巴掌大的苔藓都要整三次地形、浇三遍水，一块桌面大的苔藓整理，基本要花上一整天的时间。

拈花湾的竹篱

拈花湾的苔藓

（2）高品质演艺活动的打造

拈花湾有四档高品质演艺活动，分别为“水幕电影”“花开五叶”“拈花亮塔”和“一苇渡江”。其中“水幕电影”每天一场，时长100分钟，运用数字多媒体技术，将深刻的佛理故事用现代的技术表现出来，是拈花湾向游客献礼的重要活动之一。

“花开五叶”是水上表演结合灯光、音乐为一体的“水上之秀”，巨大的荷花在夜色中随着禅意音乐一开一合，展示给我们一个别样的禅花世界。

“拈花亮塔”是以“灯光秀”结合真人表演的手法，在唐风木结构楼阁式的佛塔进行的表演活动。当夜色来临，拈花塔上的“福光”和“佛音”便会传播四方，为百姓带来吉祥。

“一苇渡江”是一组水上的舞蹈表演，在入夜时分，一群手拿莲叶、脚踩芦苇的女孩从江上而过，空灵的步伐与优美的舞姿向我们传达出了佛法禅宗的妙趣所在。

水幕电影

拈花亮塔

花开五叶

一苇渡江

5. 启示

拈花湾是无法复制的，但拈花湾的案例可以给我们很多启示。一个文旅项目要获得成功，往往是各种因素的综合作用，优点都是值得我们学习和借鉴的。

（1）思路创新与品质创新

从灵山景区的发展历程可以发现，创新伴随着每一个产品的诞生，这归根于灵山景区的开发方拥有前瞻的眼光和高远的格局。一些地方项目在看到灵山大佛获得名利之后，决然跟风造就了一批大佛，但至今没有一个在影响力、知名度和经济效益上可与灵山景区相提并论。他们也打着禅文化旅游及养生的主题，但没有一个项目能把自己的品质和细节打造得像拈花湾这样精致与意境深远。

（2）以氛围营造和品质带给游客震撼感

要给游客留下深刻的印象，深受感染并沉浸于景区营造的氛围中，冲击感很重要，这就必须从建筑到环境、从大局到细节、从横向到纵向，以“全包围”的形式来刺激游客的感官。在此方面，拈花湾做得比较到位，建筑上精益求精、园林上步移景异、各种建筑小品和绿化亦做得无比精致，充满禅意。

在景区的综合打造管理下，拈花湾所有细节的综合品质均到达了普通景区无法企及的高度，无论是材料、工艺还是造型和审美，均达到了“形神兼备”“形神兼高”的禅意美学境界。

（3）孜孜不倦的“求精”精神

拈花湾项目从策划、设计到完工历时了 5 年之久，直到开工前依然在修改设计方案。本着“必须由品质偏执狂反复磨砺才能营造出打动人心的奇观”这一宗旨，拈花湾的每一片瓦、一丛苔藓、一堵土墙、一块石头、一排竹篱笆、一个茅草屋顶的落地都十分慎重，每一处细节的形成基本都是从数十种备选方案中精心选择并历练出来的，严苛的户外测试及国内外各种专业匠人的指导与把控，共同构成了拈花湾项目在细节上的完美效果。只有切实把自己的每一份心力都倾注到项目上，在反复的揣摩锻造中成就精品，就是一种真正的“工匠精神”。

精美，雅致的建筑

生动细腻的园林景观

禅趣盎然的建筑小品

6. 反思

（1）高雅禅文化于受众群体有一定局限性

毫无疑问，拈花湾项目的定位是为沉浸式的体验而生，作为一个宗教文化类的主题小镇，其围绕禅的意境，通过禅境观光、禅意休闲、禅农体验、禅心度假、禅修康复、禅学培训、禅游时尚等主题特色整合现代人度假的多功能复合要求。建筑的主要风格为“禅意”“拙朴”和“绿色”三大主题，这表明拈花湾针对的游客、用户群体是略懂佛教文化且希望洗涤心灵的中产富裕人群，为满足特定群体的高端需要，“高标准＋高成本”便不可避免。

正因为如此，一些家庭亲子、情侣，特别是对传统文化或宗教文化不太感兴趣的新生代群体，他们便不太符合其定位特征，故拈花湾就不能像其他旅游小镇一样，做到雅俗共赏、吸纳各路游客，这是一个需要综合平衡考虑的问题。

（2）禅文化不一定要用华贵风格和重投资来体现

在佛教几千年的发展历史中，一开始时，释迦牟尼的初心是希望大家用身体上的苦来激发精神上的升华。历史上的印度，佛教僧众们最开始聚集的地方就是鹿野苑和祇园精舍，这些都是非常质朴、自然和修饰较少的空间。

佛教的本意是质朴自然，不想让大家被奢华的物质迷乱了智慧的双眼，所以要营造出佛教中“禅”的意境，不一定非要用极尽奢华的形式来体现。用钱堆砌出来的产品固然精致华丽，但采用简洁、原始、造价低廉的原生态材料营造出来的美学空间亦可以很好地诠释禅文化，如日本的各种庭院景观，就是将原木、树皮、苔藓、竹子和石头等元素结合起来，用“山野幽谷”式的空间氛围洗涤心灵。从旅游的角度来说，质朴的东西更容易让人超脱世俗、禅意顿生，亦能更加吸引我们世俗中人舒缓都市的压力。

鹿野苑

祇园精舍

佛教早期的活动空间——鹿野苑和祇园精舍

对于人工打造的重资产文旅项目而言，高投资同时也意味着高负债，因此，如何巧妙利用不同的方式和方法，用较少的投资打造出人民群众喜爱的旅游产品，是决策者们需要好好考虑的问题。好的旅游产品，不一定是非要用钱才能“砸”出来的。

朴素雅致、造价不贵的禅境景观

車馬店

塢堡
塢堡

第五章

★ ★ ★ ★ ★

项目操盘者常犯的十大误区

随着“全城旅游”时代的来临，旅游业处在了高度白热化的竞争状态，按照普通思维打造的旅游小镇已经很难脱颖而出了，只有打破常规思维、具有一定震撼性、直指游客心理的旅游项目才能得以生存和发展，开创出一条旅游发展之路。

近些年来，很多旅游小镇的开发建设一味按照“现代古镇”或“仿古版城市商业综合体”的模式进行打造，这种项目很难满足游客的好奇心，失败也就在所难免了。在此，我们特意总结了十条旅游小镇项目操盘者最常触犯的误区，赘述出来供大家参考。

把旅游景点的打造当成了纯粹的盖房子

（1）从简单字面理解旅游小镇

对于某些从地产行业转型过来做旅游的开发商，以及缺乏自然资源全靠人工打造的项目决策者来说，“盖房子、盖好房子”就是他们最直接和最容易想到的关键词了。他们的直观意识认为，旅游小镇就是盖房子，而且看起来必须是个“小镇”或“古镇”，但至于为什么要盖这么多、房子盖好了用来做什么、投入怎么回收，这些都是无从思索的事情，更有甚者，他们还要求房子要盖得奢华，盖得繁复，看起来要特别“高大上”。

盖“古房子”是很多旅游小镇的重要工程

以盖“古房子”为核心的旅游小镇

还有一些项目，将“仿古”做到极致，完全按照传统古建的“大式”做法来营建每一栋建筑，细节方面无所不用其极，最大限度地把仿古元素安插进去，但只注重房子而不注重整体架构的旅游项目终究是无法对游客形成吸引力的，这属于典型的“运用战术上的勤奋来掩盖战略上的无知”。

以盖“奢华古建”为核心的旅游小镇

（2）考察了成功案例表象之后的盲目自信

很多决策者在开发旅游项目的时候，走的是典型的“三板斧”路线，即一考察、二学习、三模仿。先是组织人员到全国各地进行考察，待考察完几个成功项目之后，就开始自信起来，认为已经搞懂了市场、摸透了旅游，然后就按照自己的理解开始规划和设计了。大门用 A 家的、商业街用 B 家的、广场就按 C 家的来……，这种表象化的旅游认知和抄袭式的设计，最终建造出一片缺乏新意的建筑群来。最后，项目带给游客的感受是景区的风貌似曾相识，对游客丧失了吸引力。

纵观整个旅游市场，“盲目自信 + 简单抄袭”的案例不在少数，归根结底，就是决策者的认知错误造成的，只研究建筑和盖房子，却缺失了研究旅游的本质和持续盈利的思路，或者他们认为思路是可以在后期附加上去的，殊不知旅游项目是一个有机统一与逻辑严密的整体，前期建设是承载后期运营的载体，而后期运营的诸多问题在前期建设时就需要跟上。

2 把“文化”当成“商业卖点”

（1）旅游项目中的文化表达

“文化”一词属于形而上的哲学范畴，生活中经常听到“我们的项目是有文化的”“我们不是在做旅游，我们是在做文化”等言语，那旅游项目中的文化究竟是指什么呢？

所谓旅游项目中的文化，指的是所有“有形 + 无形”的东西共同表达出来的审美意识和人文意识。至于这种文化该以什么样的方式表现出来，就是另外一个层面的问题了。一般情况下，可以通过规划布

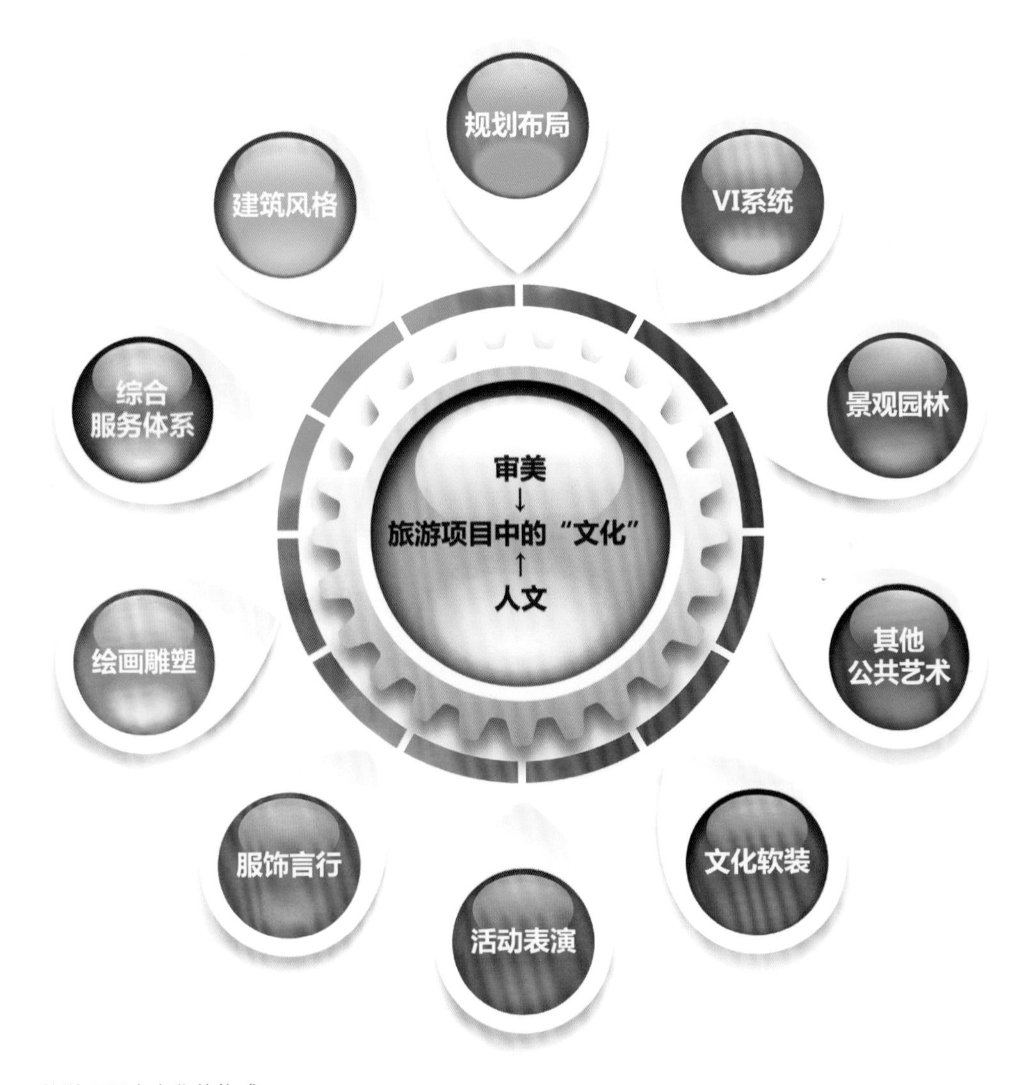

旅游项目中文化的构成

局手法、建筑风格、景观园林、文化软装饰、工作人员的服饰及言语动作、雕塑或绘画等公共艺术品、VI 导视系统、景区的活动表演、景区的管理服务体制等方面来表达。

客观来说，一个项目的文化定位是很重要的，确定好的文化定位具体以什么样的方式落地就更为重要。另外，这种文化的体现，应该把握到什么样的程度最为合适，采用什么方式才能产生一定的经济价值等，这一系列问题的解决，都需要用全局、细致、务实的态度来对待。

优秀景区中不同形式的文化表达

葫蘆趣

告示
東京禁軍槍
棒教頭林衝奉旨
徵召禁軍。
凡有意者均
可在此報名。
東京殿帥府

游客休息区

（2）一些虚夸的文化打造现象

一些旅游项目建设初期，会邀请当地的名人学者来举办“文化大论坛”，然后再邀请一些媒体的参与宣传，以此扩大项目的影响力。从商业运作的角度来说，这种操作无可厚非，毕竟这也是商业运营中较为重要的一方面。在这样的论坛会上，几乎每位嘉宾都会发表自己的一番言论，比如有的建议将当地所有历史名人的诗词画作全部以浮雕或雕塑的形式表现出来，布满在项目周边，他们认为这样就会让项目“有文化”，等等，类似的言论不胜枚举。

可每当论坛举办完毕，我们会发现，这些“文化陈列”对项目的建设并没有起到明显的指导作用，它与项目的实际策划和设计根本就是两码事，千万不要因此误导了决策者的思路，甚至扼杀或阻挡项目的创新性发展。

“文化”有时是旅游思路匮乏的挡箭牌

（3）文化不等于旅游吸引力，也不等同于商业卖点

对于一个真正意义的旅游项目来说，能够吸引游客源源涌入的“爆点”就是旅游吸引力，这种“爆点”吸引了游客，就可以获得相应的商业回报，所以这也是它的商业卖点。文化是什么？文化只是旅游休闲和商业利润之间生态链形成之后游客体验的美好点缀。在一个完整的旅游生态链条中，文化是外衣，旅游吸引力是表现手段，商业卖点才是终极目的。文化若打造得好，有助于商业卖点的提升与加强，但绝不能将文化等同于商业卖点。旅游吸引力只有加上文化的翅膀才能如虎添翼，加上文化的花朵才能锦上添花，切忌过分用文化的外衣来掩饰旅游战略上的不足。

娱乐是旅游的本质之一，如美国好莱坞众多科幻大片中的《变形金刚》《阿凡达》《侏罗纪公园》等，它们的卖点就是利用电脑特效来博取观众的眼球，使人们的身心得到暂时的刺激和愉悦。之所以能受到国人的追捧，在国内的票房成绩斐然，就是因为这些电影直接抓住了人们追求“新、奇、特、刺激”的心理要害。

所以，一个旅游项目的实施，首先要将最核心的旅游吸引力带动起来，这样商业利益环节才可能实现，如能在文化打造方面再下些“功夫”，那么这个景区实现社会效益与经济效益的双向发展就为时不远了。

“博眼球”是某些娱乐电影的核心吸引力

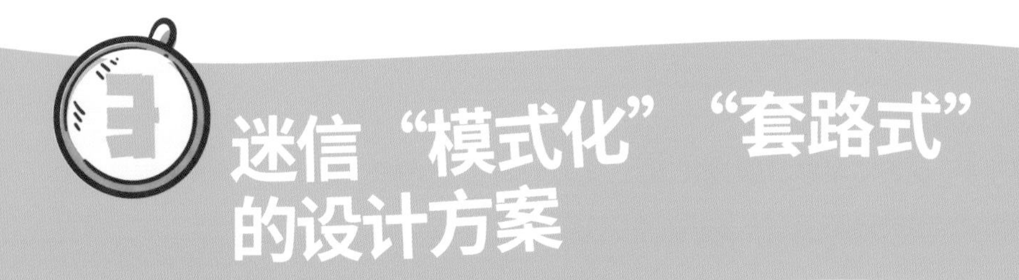

迷信“模式化”“套路式”的设计方案

据权威业内人士统计，国内的旅游设计方案有相当比例的抄袭、模仿现象，中国 90% 的旅游景区经营困难与这些平庸设计方案有着直接的关系。归根结底，旅游设计就是要解决投资与收益平衡的问题，我们一定要时刻领会和参悟游客的心理，做到一针见血、直指要害。

旅游设计的特殊性决定了其设计方案一定要出奇、出新，尽可能打破常规思维，这就要求项目决策者胆子要大、善于接受突破性思维，寻找真正专业的、善于创新的设计团队，但这种具有“怪才”的创新思维团队，往往存在于旅游市场的“江湖”之中，需要决策者独具慧眼进行挖掘。

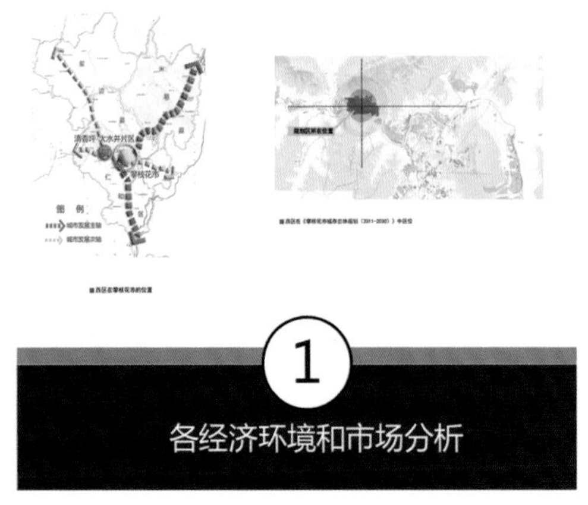

一些项目决策者或投资者，在长期资本积累的过程中，认识了某些专家或领导，这种职业习惯加上情感因素，很容易被他们的意见所左右。在实际中，缺乏实践操作的“大师”建议往往会过于“意识形态”，一味听从，可能会影响项目的正常进展。

针对一个旅游项目的任何建议，落脚点都应该具体到项目的实际操作层面，要么是方向指导，要么是技术操作。也就是说，任何中肯的建议，都应该有清晰的操作思路，让项目的某个具体细节得以完成，只有这样的言论才是有效的。

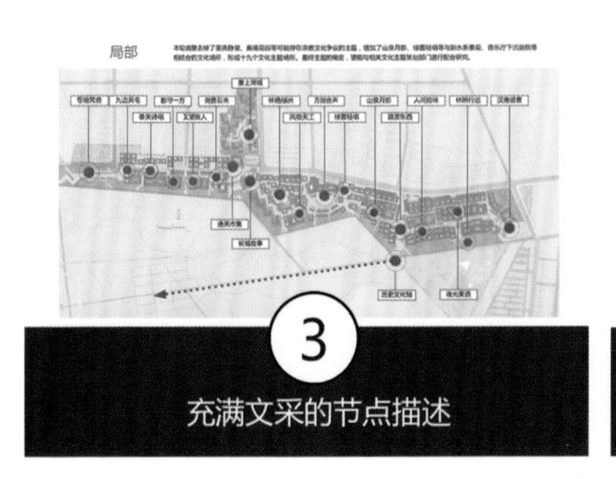

3
充满文采的节点描述

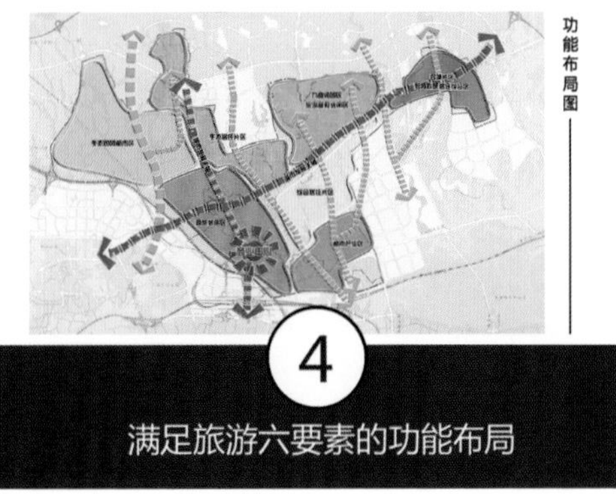

4
满足旅游六要素的功能布局

5
华丽的效果图

“模式化、套路式”的旅游设计方案

缺乏成功打造旅游小镇的特质

很多旅游项目之所以失败，就是因为项目本身吸引不了游客，为什么吸引不了游客呢？因为这些项目让游客觉得没意思，那为什么没意思呢？因为这些项目没有具备艺术性、奇特性、趣味性和体验性的特质。

（1）错误因循“高大上”和“正统化”的营建标准

在国内偌大的综合环境中，作为一个旅游项目决策者，需要考虑和顾及的因素很多，往往注重“政治工程”或“面子工程”的建设，这就导致很多项目从一开始就无法跳出“固化”的圈子，没有什么突破，例如国内很多的市政广场，就是“左右对称式、灯柱阵列走、中心是喷泉、端头是旗杆”的模式化风貌。决策者们受此影响，在操作项目时也逃脱不掉这样的思维，他们认为庄重的大门必不可少、广场必须大、建筑样式和材料必须“高大上”等，最后设计出来的景点就像是一个换了布局的“市政广场”。另外，他们也认为，自己的项目传达给游客的任何一个信息都必须是正统的、有档次的，不能给别人以“寒酸”的感觉，这些“面子”需求或多或少也局限了决策者们的思维。

一个旅游项目的决策者，必须先让自己的思维先彻底打开、放开，放弃原有的固化理念，才有可能能够“打破”与“重生”。

随处可见的市政广场布局

小贴士

民营企业和政府部门打造旅游小镇时的异同：

★ 政府主要站在利益民生、提升民众文化品位、打造地区名片的角度来操作一个旅游项目，经济收益只是其中的一项指标。

★ 作为民企，获取经济收益是投资的终极目标。在很多实际情况中，由于民营企业对旅游项目认知及了解的匮乏，他们会单纯、简单地向政府模式学习，站在走“高大上”路线的角度来操作，忽视了自己的原始目的，最终以成本无法回收而告终。

（2）忽略游客与景区的体验性互动

在网络购物发展如火如荼的今天，某些门类的实体店还大有继续扩张和升级的趋势，究其原因，最本质的区别就是游客在实体店里可以感知商品真实的质感、形态及内在品质，而网店却无缘带给游客这种“体验感”。

当下旅游领域中的很多景区和旅游演艺剧，如王朝歌的《又见敦煌》或《又见平遥》等，都一改过去传统、简单、直白的售卖关系，打着“浸润式”的口号，通过历史场景还原，让游客与演员零距离接触，使游客参与到旅游商品的制造过程

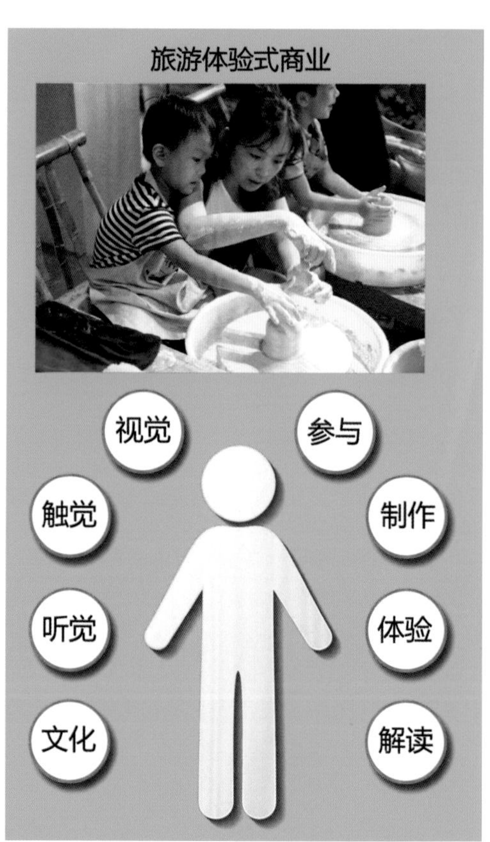

旅游景区更适合体验性较强的消费模式

中，剖析展示商品背后的故事和文化，让游客与景区之间达到了深层次“灵魂上”的互动与交织。这种“深挖”与“放大”旅游元素的做法，激活了游客的听觉、视觉、味觉等各种感官，加深他们旅行的体验感。只有这种体验加深了，景区所有旅游元素的功效才能得到最大限度发挥，游客也就容易达到满意的状态，景区的综合效益也才能提高。

体验与互动是更能吸引游客的消费模式

错把“吃”或“小吃”当成核心吸引力

（1）“吃”在本质上只是旅游配套之一

提起旅游小镇，人们首先就会想起国内各种古镇和古街，如重庆的磁器口、西安的回民街、京城的南锣鼓巷、湘西的凤凰古城等，想到这些地方，就仿佛看到了一幅幅火热的市井化场景、如织的游人和遍地的小吃等。于是，遵照此种印象，某些决策者们就给自己的项目引进了非常多的小吃。虽然“吃”是旅游当中不可缺少的重要业态，打造“吃”的元素无可厚非，但如果过分夸大，让景区变为一个风格化的“小吃城”，那就大错特错了。

瓷器口古镇

近几年，这种将“吃”作为景区核心业态打造的项目非常普遍，打着各种口号但本质上都是“小吃城”的人造景区，都在演绎着“快速建设、快速开业、快速火爆、快速倒闭”的“四快”状态。一般情况下，“吃”只能是一个配套，而不是核心吸引力，一旦将这个配套当成了核心吸引力，那就会出现吸引力不持久、景区无长久发展支撑的状态。

北京南锣鼓巷

西安回民街

湘西凤凰古城

国内知名的历史古镇和古街

(2) 以“吃”为核心的景区在效益上并不理想

个别以“吃”为核心的景区，由于各种综合原因，客流量及经营状态还可以，一直处在持续经营与发展的状态之中，在外人看来，这个景区应该是成功的，投资回报可观，但实际情况并不如此。

作为一个标准化的景区，初期建设时的买地、建筑、装修、各种配套建设等方面的投入就已经不菲，加上后期的运营开支，总体投资数额庞大，如仅靠一个没有多少利润空间的小吃业态来维持经营，可想而知会有多么艰难。

以“吃”为核心的景区个案切勿模仿

层层缺失、环环脱节是通病

旅游小镇项目之所以失败，都有着一个共同的原因,就是在项目开发过程中，前后两个阶段在衔接的时候，没有连贯性与紧密性。造成这种现象的原因有很多，最主要的就是每个环节的具体操作者标准不一、深入沟通少，导致上一层级的思路无法很好地贯穿下去，使得操作环节出现严重脱节。

很多时候，项目前期的策划公司将方案做得非常完美，从业态布局、定位、文化表达、空间形象、建筑形态等各方面，都设计得非常理想。可当这一环节完成之后，如果后面环节进驻的设计单位不够用心，或缺乏旅游设计的经验，就很有可能将前期的方案修改得面目全非，让原先的策划方案落地成一个缺乏深度和吸引力的、呆板的建筑群，这就是典型的策划与落地之间相脱节的通病，这种现象在很多旅游项目当中表现非常普遍。所以，怎样才能真正做到层层递进、层层加深、层层升华，是任何一个旅游项目在操作过程中都需要特别注重的。

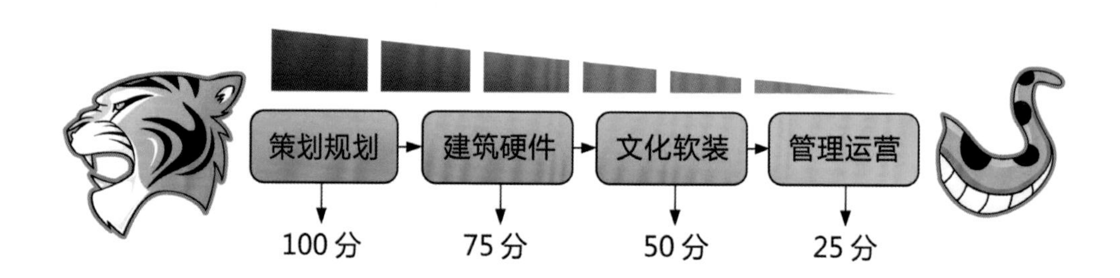

虎头蛇尾、层层脱节的旅游打造环节

7 不清楚各要素之间的融合及推进

（1）项目各要素之间必须有机融合

一个旅游项目综合来说，构成的要素非常多元，有商业方面的市场定位、操作理念、资金收支，有工程方面的建筑、景观、室内打造，还有运营时的业态布局、演艺活动、人事管理、媒体宣传，等等，这些要素聚集在一起，肯定不能简单堆砌，而是必须有机地相互融合。就如同一款高品质的汽车，构成它的发动机、变速器、轮胎及其他电子设备等，原件之间必须相互关联且性能契合，共同发挥作用才能让汽车良好运转。

具体到一个旅游项目，什么样的文化 IP 就必须搭配什么样的景区风貌，什么样的景区风貌就应该搭配什么样的业态，什么样的业态就应该有什么样的软装细节，什么形式的旅游模式就应该有与之配套的管理细则等。

旅游各要素之间必须有机结合

（2）各元素必须有合适的推进时间与方式

构成一个项目的策划规划、文化打造、业态布局、休闲体验、各种展演等方面，应该有合理的推进时间及方式。比如，在项目开始的策划阶段，最好要有规划的参与，在建筑设计之前，项目中的一些大型或重要业态就应基本确定，以便让建筑设计根据已定的业态量身定做；在工程建设初期，就应该开始招商预热了，并在此时组建管理运营团队；待到室内装修和文化打造阶段，就得筹备开业及宣传工作了。总之，构成项目各要素之间的融合关系，不能随意将它们生硬揉搓在一起，更不能肆意地确定项目的时间节点。

8 缺乏“灵魂型”的综合把控者

有些项目的投资者就是决策者，喜欢自上而下全程把控每一个环节，但毕竟人无全能，不可能做到面面俱到。实际上，一个旅游项目从策划到建设、从建设到文化打造、从硬件到运营等一系列的递进关系中，怎样才能选对每个环节的执行团队、怎样让下一层级的人透彻理解上一层级的理念，并在上一层级的基础上继承与创新，这些都需要决策人或执行者具有丰富的专业知识与实践经验。如果我们在项目进展中无法把控环节的微妙之处，前期的一点点偏差就有可能会给后期造成重大损失，使得项目没有“爆点”，缺失了旅游吸引力，甚至让投资血本无归。

缺乏“有意思”的项目业态

（1）从商业角度来说，旅游项目的“有意思”比“有意义”更重要

站在商业的角度审视一个旅游项目时，我们会发现，很多看似“高大上”的旅游节点似乎并不是游客内心所期望的，他们更多偏向一些有趣的、有意思的、接地气的甚至简单、刺激的娱乐项目，在没有压力和负担的状态中得到全方位的放松和愉悦。

作为民企投资的旅游项目，决策者们一定要适度地放下“架子”、放下“脸面”，为了项目的可持续发展，在展现文化效益的同时，能否吸引游客的到来才是我们的首要目的。

旅游项目中的“有意思”比“有意义”更重要

（2）旅游项目好坏的核心标准就是要让游客觉得“有意思”

“旅游”这个词，学者们喜欢从精神或文化的深层角度去描述它，但在普通民众的心中，一个旅游项目的好坏就是看它是否“有意思”，来过一次还想来，下次带上亲戚朋友们再来。抛开玄幻、高深的面纱，找到旅游的本质，它就是用奇妙的旅游体验来吸引人，体验好了、游人多了，项目成功的概率自然就会大大加强。

建筑大气、历史文化意义厚重的景区

注重游客参与性、趣味性强的景区

旅客对“趣味性”较强的景区更容易接受

把精力和资金放在了炒作和“人情”事务上

在国内的社会环境中，一些项目决策者的大多数精力被各种人际关系或商务给占据殆尽了，他们认为只要处理好了人的事情、理顺了各种关系，就能让项目“火”起来。殊不知，自打钻进“人事政务”的谜团之后，他们就再也出不来了，没有了精力钻研自己的项目，忘记了项目打造的初衷。

遵循上述思路，在项目开业之后，这些决策者便不再注重项目的继续提升和打造了，开始按照普通商业地产项目的“套路”花巨资打广告、做活动，试图利用各种名人和广告效应来推广项目，达到宣传的功效。而实际上，活动一结束，项目又回归到之前的清冷状态，并没有起到多少效果。归根结底，还是决策者们没有抓住重点，找出解决问题的关键节点。名人或广告只可以在短时间内给项目带来一定的关注度和人气，而项目的长久发展必须依靠自身的品质及旅游吸引力的持续发酵，因为产品质量才是一个项目生存的根本。

小贴士

旅游小镇打造成功的因素：

★ 搭建了一个游客消费的完整体系，即“旅游吸引力 + 娱乐体验设施 + 商业休闲业态 + 其他服务配套”。对于游客的消费体验来说，最基本的心理和生理活动都是可以满足的，不会产生过分不适或不完整的体验。

★ 或多或少地延续了当地的历史、文化脉络发展经典产业，如各种博物馆、手工艺、丝绸、酒、茶等，既传承了历史文化技术的精髓，又继续引领了产业的创新发展。

★ 找准了项目独特化的发展道路，找出了自身差异化发展的经济命脉，这样才有可能形成强大的人流聚集效应。

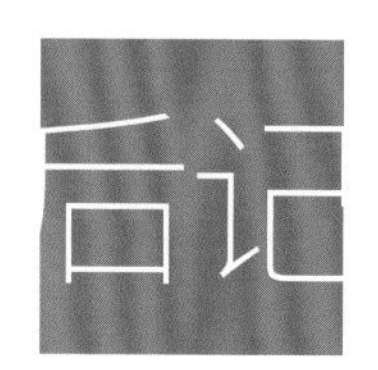

旅游小镇包含的东西是千变万化、复杂而微妙的，有章法可循但又不能生搬硬套，因此，打造过程中的每一位参与者，都必须树立正确的旅游意识、坚定正确的旅游思维并践行科学的旅游操作。旅游的各种认知和理论非常重要，项目落地过程中的每一处细节同等重要，而建设完成后的综合运营亦同样不容忽视。在各环节从无到有的打造过程中，需要旅游决策者在各个工种、各种知识层面和各角色之间不断切换,因为每一个环节的出错或不到位，都有可能导致这个项目的失败，给投资方造成巨大损失。作为项目的决策者或打造者，试想，如果诸多环节均大而化之或不够用心，操作出来的项目连自己都无法满意，又谈何打动游客而受到群众青睐呢?

由于旅游项目的理论和实践体系相当复杂，相关的注意事项和打造过程书中已有一些表述，作为一家之言，难免有不够到位和偏颇的地方，希望各位读者海涵指正。但是，我们的目的和心态是真挚的、热切的，我们倾尽心中所有，希望能将理念尽可能地展示出来，让大家对旅游项目有更清晰的认知和正确的实践操作，少走弯路，取得更多经济效益和社会效益方面的回报。

旅游行业的道路艰辛而漫长，虽然眼前荆棘丛生，前景却是一片光明。我们在初始的道路上谨小慎微而又果断前行，一边探索一边进步，一边实践一边积累，用正确的经验帮助我们成功，用反面的案例规避路途风险。愿我们都能用一颗教徒朝圣的虔诚之心，以“吾日三省吾身”的态度，传承文化的“匠心”于旅游这条路上，不忘初心，上下求索，不断前行!

著者

2018 年 8 月